這才是釀造醋

徐茂揮‧古麗麗 著

釀對了才有保健效果
蔬果穀物醋自釀手冊

006　**導讀** 如何學習釀造醋

CHAPTER

1　先了解什麼是**釀造醋**

016　釀造醋的界定
017　醋的造字藝術與
　　　釀造完成時間完美結合
018　醋的故事
019　醋的歷史淵淵源
021　醋的種類與分類
028　醋的品質鑑定、選擇與保存
030　醋的貯存方法
030　醋的妙用

CHAPTER

2　**怎麼吃醋**最好

033　醋在烹調中的使用範圍
034　醋在食療方面的作用
035　醋的保健功能
039　市售各種醋的
　　　療效參考彙總
046　醋的食用禁忌
050　釀造醋與浸泡醋
　　　的保健效果不同

CHAPTER

3　釀造醋的**基本原理**

052　從釀酒到釀醋的
　　　簡易生產流程
053　認識醋酸菌微生物
054　醋酸發酵的主要機理
055　一般釀醋原料的
　　　準備條件
056　醋酸發酵
　　　基本生產條件
058　傳統釀造醋法與
　　　新式釀造醋法的比較
060　成功釀醋的條件
063　釀醋前的準備

CHAPTER

4　釀造醋的**製作方法**

065　如何培養製作醋母 (醋種)
067　製備釀造醋用的酒醪 (醋醪原料)
069　含有澱粉質原料的酒醪製法
070　熟料米酒酒醪家庭 DIY 製法
075　生料米酒酒醪家庭 DIY 製法
079　台灣半固態發酵高粱酒酒醪製法
083　含有糖類及水果類原料的酒醪製法
085　白葡萄酒酒醪的釀製法
090　蘋果酒酒醪的釀製法
093　各種釀造醋的生產方法
102　液態釀造醋 DIY
104　固態釀造回流淋醋 DIY

107　穀物類（糙米、圓糯米、蓬萊米、高粱）
　　　釀造醋操作說明

113　水果類釀造醋操作說明

118　成品醋醪如何過濾澄清處理？

119　成品如何有效滅菌？

CHAPTER 5　釀醋中常用的**成分檢測方法**

122　酒精度的測定法　　128　糖度的測定法　　129　醋酸酸度的測定法

CHAPTER 6　釀造醋培養過程的**異常及解決方法**

122　殺菌用 75 度酒精的調配

134　各種正常與污染狀態判斷和處理

146　培養過程表面有污染的處理方式

149　發酵時如何做好 DIY 控溫處理

149　發酵酸度不夠的解決之道

150　食醋混濁的原因與防治方法

CHAPTER 7　**浸泡醋（再製醋）**的製作方法

157　浸泡醋製作的通用規則

160　各種市售醋的製造概況彙總

167　梅子浸泡醋

171　橄欖浸泡醋

174　五葉松浸泡醋

177　醋蛋

CHAPTER 8　**釀造醋的**家庭製作法

157　水果醋的釀造方法

182　鳳梨醋

187　紅葡萄醋

192　葡萄酒醋

197　桑葚醋

202　檸檬醋

206　李子醋

270　橘子醋

214　穀類醋的釀造方法

216　酒糟醋

220　台灣家庭釀造米醋

225　紅麴醋

230　其他類釀造醋

231　蜂蜜醋

236　紅茶菇（茶醋）

242　椰果

247　釀醋材料購買資訊

　　早期台灣民間大多將醋用於烹調食物與沾醬，或用於浸泡水果，較少拿來當飲料。但這幾年來由於個人健康意識抬頭，飲用日本醋成為保健風潮，歸屬於鹼性飲料的醋產品才成為風行的保健飲品。

　　目前市面上充斥著良莠不齊的醋產品，包括從合格工廠登記生產，到打著農會產銷班、家政班名義生產的醋產品，甚至有很多以個人行號生產的醋製品，其醋產品的生產、資訊讓許多愛醋的消費者及生產者感到困惑不解。目前市面上有很多介紹醋的書籍或雜誌都提到釀造醋才是好醋，卻又因行銷手法或擁有產品之限制，只在書中介紹浸泡的醋產品，所提及的釀造醋也只有介紹醋的好處及應用，而沒有交代釀造的方法與技巧，相信很多想學釀造醋的讀者會感到失望、困惑或無奈。或許政府的農政科研單位或學術界專家也抱著「有償技術」移轉的心態來看待此事，所以造成農民空有多餘的好原料而無法進入科學化的釀醋過程，殊為可惜。

　　本人從事微生物研究應用、釀造實務及職訓推廣教育多年，累積了相當多的實務經驗與人脈，近三十年來也從事釀造技術的引進及推廣工作。從早期將微生物應用為飼料添加劑、土壤改良劑、生技類的保健食品，到2002年加入釀酒為主的推廣教學，2004年再加入釀醋為主的推廣教學，到2006年將傳統的米麴、味噌、醃漬生產技術也納入主力推廣教學。直到2006年4月承辦產訓合作的職訓工作，在桃園職業訓練中心開課，為了推廣釀造醋教學，將原本的釀醋講義再精進擴充，因而第一次出版《台

灣釀造醋 - 釀造生產應用實務基礎篇》，以方便有緣的學習者能在書本圖文的參照下習得釀醋的一技之長。再加上我的實務經驗驗證，在職訓親自授課的班別中一向採取課堂現場實務 DIY，從釀酒、接醋種開始要求學員一起實作。同時，也積極擴及有興趣的讀者，讓他們習得釀造醋或判斷甚麼是好的釀造醋，算是功德一件。

　　經過這十年來的實務驗證及每年學習者的需求累積，今年重編改寫成更方便、更實用、更務實的釀醋生產管理技巧參考書籍，希望本書的敘述都能滿足您個人的學習需求。

　　最後再次叮嚀您，要學會釀造醋真的不難，只要掌握釀造的方法要領，以及用對好的起始菌種，不需重蹈過去須歷時三年四個月的學習功夫，只要三個月的真功夫即可培養出師傅級的水準。但是，要精通釀造醋的各項生產管理及解決問題，仍有些難度，需要不斷的自我充實，加上釀醋實務經驗及不斷對外作技術交流與觀摩研習才能更上一層樓。

　　從您翻開本書開始，請相信我將很快的引您進入正確的釀醋之門。當然以後的修行仍需靠您自己。投入心血有多少，收穫就有多少。請不要原地停頓只用想的，要按步就班的實地去做。初期也許會有幾次小小的失敗，千萬不要氣餒，大膽重新來過，它會讓您更成長，也是累積日後成功的基石。

釀造家族　徐茂揮　2018.1.1

導讀

如何學習釀造醋

根據多年教學經驗，大部分會做釀造醋或喜歡做釀造醋的朋友，對生產過程與基本培養條件的知識很不足，雖然能生產出食醋，但對於菌種的選擇條件、原料的選擇條件、變酸轉換過程的條件及酸度檢驗方法仍是一知半解，因此這篇導讀中先將釀造醋的學習重點加以整理，讓讀者一次就學會釀造醋的正確生產方法與管理，避免產生污染而不知。在實作的過程中，不斷的與書本對照和隨時做記錄，相信做到第三次應該能完全上手。

　　釀造醋的基本概念，要先考慮醋酸的產生有兩種模式。簡單的來說，大約 98% 的醋類是由有酒精的原料轉化成醋酸半成品或成品，如穀物類原料是由澱粉轉成糖，再由糖被酒化成酒，酒再經醋酸菌轉化成醋。水果類原料是直接由糖分經酒化成酒，酒再經醋酸菌轉化成醋。另外大約 2% 的醋類是在沒有酒精或極少量酒精的狀態下，由原料的糖分直接轉成醋酸，如紅茶菇和椰果。

　　釀醋的原料轉換原則是：1 度的酒精度，經醋酸菌作用可轉成 1 度的酸度。因此想要達到設定的酸度，就必須在釀醋原料中生產出來或添加足夠的酒精度才辦得到，而這酒精度可能是由原料自體產生或者人為外加進去。目前合格的釀造醋上市標準為酸度 4 度以上，所以要時刻記住最好準備酒精度總平均 5 度的醋醪（釀醋的原料）來培養成醋。

學習培養釀造醋，我認為初學者要謹記八個步驟：

🍶 第一步驟　用心考慮釀醋原料的選擇

釀醋原料有區域化及多元化的情形，但總結可歸納區分為三大類：含有澱粉質的原料、含有糖分的原料及含有酒精成分的原料，可依自己需求去變化或融合應用。

🍶 第二步驟　一定要先學會釀酒，再學釀醋

因為大約 98% 的醋是由酒精轉化而成。酒與醋是經由不同菌種的微生物作用形成。酒與醋的原料選擇與處理大致相同，不同原料會產生不同的風味與成分，不同的培養過程與條件會影響生成期的長短。

你可以用一條龍的釀造發酵方式生產酒醋：從原料發酵→到生成 5 度酒精度→再接醋酸菌種轉成醋→達到適當酸度再完成過濾滅菌→最後為成品。

也可用分階段兩步法釀醋：先將原料直接發酵成 12 ～ 17 度的釀造酒→再稀釋釀造酒的酒精度至 5 度→再接入醋酸菌種轉成醋→達到適當酸度再完成過濾滅菌→最後為成品。

兩種生產方法或做法各有利弊。一條龍生產方式的內容物會較多較豐富，缺點是無法拉升醋酸酸度，除非是外加較高度的酒精，而且內容物營養源較多，污染性相對會增加。分階段兩步法生產方式會較單純，等產酒階段發酵完全後，再依自己需求去稀釋酒精度，產品變化會較大較多元，其缺點是原料液體有被稀釋過，相對香氣成分也會同時被稀釋。

♟ 第三步驟　找到好的醋酸菌種

醋酸菌種的來源有兩種：一是天然菌種，二是人工培養菌種。

天然的醋酸菌種，其實在空氣中到處都有，問題是會不會收集，即使收集到了，會不會複製培養或擴大培養，所以一定要學習基本的釀醋方法，以後接觸到很香或美味的醋酸菌，要懂得如何收集、複製及擴大才有用。

在台灣人工培養的醋酸菌種，純的菌種大概有兩個來源：一是從新竹食品工業發展研究所的國家菌種保存中心付費取得，它只是一支約 3 公分小小的真空乾燥試管，取得後要經過專業及相當時間的活化與馴化才能正式投入生產。另一種是從民間的生產菌種中取得，它可以馬上複製生產，但菌種不一定純，所以仍需要一段時間去馴化它，讓它適應你的培養環境，而且教學或科研單位才會提供菌種。對一般商業單位或公司來說，他們靠醋酸菌種產生多樣化商品，是營利的武器，所以不可能外流，這也是你在市面上買不到活的釀造醋的原因。而且所有醋產品出廠時，在食品安全及商業安全考量下都會殺菌過，所以醋酸菌無法再被複製。

♟ 第四步驟　清楚釀造醋的生產培養條件，如何預防或減少污染

因為知道生產培養條件後，相對的就要營造適合的環境來滿足培養醋的需求，或調整培養時間來達到符合自然的需求。

例如冬天釀酒、夏天釀醋自然能事半功倍，成功率相對提高；如果夏天釀酒、冬天釀醋就會很挫折。

　　因為夏天高溫的空氣中充滿醋酸菌，此時釀酒容易偏酸而產生不好喝的酒；而冬天較低溫才釀醋，雖雜菌少，但因低溫條件不利於醋酸菌，讓醋酸菌停頓或緩慢作用，或不產酸，很多人就慌了，頻頻詢問為甚麼不產酸，這就是溫度條件不足造成的必然現象。如果你願意投資改善廠房設備，冬天一樣可以如期釀醋產酸。

第五步驟　要懂要會即時檢測酒精度與酸度

以前政府沒有規定上市醋產品內容物酸度的要求，現在已有明確法令規範，一定要適法，否則上市後生意再好、品牌再響亮，一旦被消費者檢舉或被抽驗出醋產品標示不實或不符，公司行號負責人被以詐欺罪的刑責移送法辦時，將會前功盡棄，所以一定要即時檢測酒精度與酸度。

在釀醋原料發酵階段時一定要會測酒精度，管理好釀醋原料的殘存酒精度，避免發酵期不夠或過長而浪費時間達不到酸度，接著在釀醋培養階段也要會隨時檢測醋酸酸度。

千萬要注意有「酸度不等於 PH 值」的概念，醋酸是酸度，PH 值是酸鹼值，也就是酸性與鹼性的強弱值。在生產管理過程中，學會用酸度產生管理的多寡來決定什麼時候可以擴大培養、增殖，以及收成變成品。

第六步驟　學會判斷釀造醋生產過程的樣態變化與管理

醋酸菌的生長過程，會隨著培養環境的溫度、投入的營養源或發酵的溫度而產生多種變化。醋表面出現的變化狀況是最直接的表徵，如果能精準抓住生產樣態的差異，就可以有效預防和改善不良的生產過程而不至於驚慌失策。有些在培養醋過程隨時產生的表徵，可參考書中的圖片做觀察對比，再即時處理。

依過去的發酵培養經驗得知，只要是活的釀造醋缸表面受到污染而沒有發臭現象，基本上都可以救回來，回歸正常發酵。

如何讓醋缸的醋酸菌形成優勢菌種，是本書希望讀者能學通的釀造醋釀造重點。

🍶 第七步驟　學會如何過濾、滅菌或裝瓶保存

從一開始選擇培養醋的容器就很重要，一般說法是陶甕最好，玻璃次之，再來是 **316** 耐酸鹼不銹鋼材質。

雖然陶甕對發酵產品很好，但裝入醋酸存放一段時間後，因陶缸上釉的關係，醋容易滲出，所以要慎選陶甕材質。而玻璃裝醋不會滲出，建議初學者用此材質，大小以 **25** 台斤裝的玻璃罐（桃太郎罐）為基準。太大容易破損，而且要注意不能放置在窗邊發酵，因為玻璃是透明的，酒、醋發酵怕光照，容易因日曬過多所產生的紫外線殺死醋酸菌。如果想要利用陽光做保溫時，一定要用遮光的布或紙遮蓋才行。

若用不銹鋼材質的容器當發酵桶，短期還可以利用 **304** 不銹鋼材質，長期一定要用 **316** 的不銹鋼材質，才可以避免酸度侵蝕而穿孔。

大陸一般流行的醋滅菌做法是用 **80**℃、隔水滅菌 **30** 分鐘。而我常用的方法是以 **85**℃、隔水滅菌 **35** 分鐘，寧可多滅菌幾分鐘，殺菌較徹底才能預防失敗。提高溫度是怕檢測時放的位置不對或不準確有誤差，也比較不容易產生滅菌不完全的狀況。

另外要特別注意裝醋的瓶罐，即使是新瓶也要事先清洗再殺菌，用傳統的蒸煮法殺菌最好，用 75℃ 酒精消毒次之，如果沒有 75℃ 酒精，可利用高度酒精直接用過瓶的方式消毒。

第八步驟　表面輕微污染時，撈除後利用 75 度酒精消毒表面、缸緣

　　先用濾杓將醋表面的污染物輕輕撈除，千萬不要用倒除的方法過濾整罐污染物。撈除表面浮菌，再用噴了酒精的餐巾紙（非衛生紙）清除罐緣內部壁面的污染物及更換新的封口布，最後噴酒精消毒。也就是不先噴酒精，等撈除污染物、清理乾淨後，再用酒精紙擦拭一次發酵罐內部壁面，以及用酒精噴封口布，並蓋住罐口綁緊，最後用酒精噴發酵罐周圍。這些步驟千萬不要省略，常發現很多人處理不夠完整，最後又沒換封口布，3天後雜菌又恢復。另外也有許多人用撈杓時沒有即時清理和消毒殺菌而導致失敗。建議處理醋的表面污染時，旁邊最好準備一鍋滾水，濾杓每撈一次就先用紙巾清除杓內污染物，然後把撈杓浸泡至滾水中殺菌，再取出繼續使用。

　　如果直接噴酒精會讓污染物自動散開或馬上沉底，所以處理醋的污染時，不要先噴酒精較好。

　　在培養釀醋的過程中，初期污染是難免的，不必擔心，這只是證明培養環境中的菌種還不是優勢菌種，一旦形成優勢菌種的環境就不會再受污染。所以要即時調整檢討，給予必要的培養條件。書中各章節的敘述說明就是提供各種釀醋的參考條件，搞懂後就會如魚得水。

先了解什麼是

釀造醋

雖然時代不斷的變遷，但是從古至今醋在日常生活中不分種族，仍是一種不可或缺的調味料，也是一種藥用的養生保健飲料。在台灣可能由於太容易取得，使得單價普遍過低，而國外品牌因進口關說及行銷成本的關係又造成單價過高的現象。沒有概念的消費者，因無法了解產品的真實性以及判斷產品的好壞，或無法藉由自己的釀製經驗進一步獲取釀造的生活樂趣，因此對釀造醋這個好東西就不太重視。幸好近幾年來各種食安的問題浮出表面，突顯出原料及生產履歷管理的重要性，使得很多國人為了健康而追求安全的生產方式及保存食物的有效方法，讓好的釀造醋終於能浮出檯面，創造出應有的地位與產品價值。

釀造醋的界定

在維基百科及自由百科全書中所提出的釀造醋定義，是以穀類等天然原料為主，再加上食鹽、穀皮等發酵而成的食醋。按照製作方式，醋一般可分成三種，包括釀造醋、合成醋、加工醋，其中以釀造醋品質最好，多用於烹飪或涼拌。

而我認知的釀造醋定義，是把含有澱粉質、糖類或酒精類的原料，經由微生物醋酸菌的作用發酵後，過濾製成者皆屬之。也就是將農產品及天然食物、食品經過天然或人工的糖化或酒化作用後，繼續被可食用的醋酸菌轉化成醋酸的產品就是釀造醋。不管是活菌狀態可再複製的釀造醋或已滅過菌的釀造醋都可通稱為釀造醋。

醋的造字藝術與釀造完成時間完美結合

　　古代造字時，即明明白白告訴我們，醋的原料酒裝在缸甕中需要二十一日就可以完成。後來經過實際發酵生產的驗證，證實從中國造字形意上的解釋頗有道理，這也是我回應學員釀造醋什麼時候可以釀好的最佳答案。

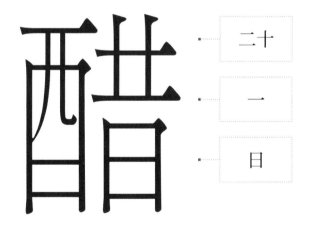

· 古字為酒字，
　由裝酒甕象形
　而來。
· 酉時。

二十

一

日

醋 的 故 事

中國人常說「開門七件事－柴、米、油、鹽、醬、醋、茶」，醋是其中之一，可見其重要性。早期中國人將醋用於調味及醫藥保健，近代才作為保健飲料。醋如何發明？為什麼叫醋？有一個民間流傳的有趣傳說。

話說東周時期，有一個出名的釀酒師，名叫杜康，他的酒遠近馳名。杜康釀酒時常會留下一些酒糟，為免浪費叫兒子用水浸著酒糟用來餵馬。吃酒糟長大的馬，又肥又壯，毛色潤澤。有一天，杜康的兒子小杜夢見白髮老人對他說：「你馬槽旁邊的酒缸都是玉液瓊漿，可否賞我一口？」小杜摸著頭腦說：「那只是酒糟加水，用來餵馬，不是什麼玉液瓊漿呢！」老人又說：「那缸東西剛好放了二十一日，到今天酉時倒出來試一口便清楚了！」

小杜醒來剛好是酉時，便跑去試試那缸酒糟加水，果然是香甜帶酸，芬芳撲鼻。後來杜康父子便依法再造，結果大受歡迎。但是，這種液體叫它什麼名字呢？小杜忽然想到此瓊漿放了二十一日，酉時倒出，於是便將「酉」、「廿」、「一」和「日」四字合併，名曰「醋」。

醋 的 歷 史 與 淵 源

人類食用醋的歷史非常悠久，有人認為約有一萬多年，而有關醋的文字歷史記載至少也有三千年以上，和食鹽一樣屬於最古老的調味品。因此，正如茶文化、酒文化一樣，醋也是一種文化。

　　中國是世界上最早用穀物釀醋的國家。我國在數千年前已經可以掌握穀物釀醋的技術。以米、麥、高粱或酒糟等釀成含有醋酸的液體，古代又稱為「醯」、「酢」、「苦酒」以及「米醋」等。

　　食醋是我國傳統的酸性調味品。在春秋戰國時代就已經有專門釀醋的工作坊，那時候的醋是比較貴重的調味料，例如古書《論語·公冶長》中記載：「熟謂維生高直，或乞醯焉，乞諸其鄰而與之」；在《孔氏傳》中也記載「鹽鹹梅酸羹需醋以和之」。西元 1058 年周公所著《周禮》就已經有關釀造的記載。歷史學家考證太原後認為，在西元前 479 年晉陽城（山西）建立時就有醋的製造者了，因此可以說山西是釀醋的發源地，醋的釀造至少也有兩千四百九十多年的歷史。由上得知，醋的起源大概在公元前十六世紀左右。

直到漢代醋才開始普遍。這時的醋已成為日常生活開門七件事之一。據東漢時代的著作《四民月令》中記載，四月四日可做醋，五月五日也可做醋。另外從漢代的著作《食經》中所記述的「作大豆千歲苦酒法」來看，中國在漢代就已經能夠以酒釀醋了。

南北朝的北魏時期，賈思勰所著的《齊民要術》一書中有系統的記載當時百姓從上古至北魏時期的製醋經驗和成就，如《齊民要術·作酢法》中的「酢，今醋也」。我國古代稱醋為酢、酊、苦酒或醯，《齊民要術》中有詳細釀醋過程的記載。書中共收載了 22 種製醋方法，其中的一些製醋方法一直沿用至今。所以由歷史的傳承演變得知，使用不同的穀物發霉成麴，然後再用它來使更多的穀物類糖化、酒化和醋化，這是釀醋史上的重大發明。

另一個歷史考證為春秋時期的周朝晉陽一帶，製醋坊已遍及城鄉，其中以梗陽（今清徐）的醋為最佳。清順治元年（1644 年），「美和居」醋坊結合當時的釀醋特點，創造出獨特的產品。因為整個生產過程需時長，而且產出的醋醇厚如陳酒，所以人們把「美和居」所產的醋命名為老陳醋，借此發展成顯赫一時的大商號。

而可與「美和居」媲美的是「益源慶」，至今仍保留著嘉慶二十二年七月成造的蒸料鐵甑。傳說「益源慶」老字號約開設於明朝，是專供明太祖朱元璋之孫——寧化王朱濟煥王府釀酒製醋的坊。它釀醋的配料講究，製作精細、味道甜綿香酸，久存不變質。寧化王除了自府食用外，還把它作為珍品，不斷敬奉皇宮御用。至民國時，「益源慶」的醋仍然是達官顯貴饋贈親朋的佳品，號稱「官禮陳醋」，俗稱「寧化府醋」，至今其產品仍受到上層人物、社會名流的青睞。

台灣人吃醋約有七十多年的歷史，但隨著社會飲食觀念的改變，大家愈來愈追求健康導向的飲食文化，醋在現代人的飲食地位，早由中國人的開門七件事－柴、米、油、鹽、醬、醋、茶等調味品，轉型為多元化的健康保健飲品。

醋 的 種 類 與 分 類

醋是日常生活中最常用的酸味調味料，其釀製的原料來源有四大類，包括含糖的果實（水果）、含澱粉的穀類、酒類、稀釋的酒精等。將這些

$$\text{乙醇（酒精）} + \text{氧} \xrightarrow{\text{醋酸菌}} \text{醋酸} + \text{水}$$

原料處理後，轉化發酵成乙醇（酒精），再經醋酸菌作用，氧化而成醋酸。

食醋就是應用純醋酸菌，使酒轉換發酵製成，含有醋酸 3～5 度。但一般市售合成醋則是將醋酸加水稀釋，配以適當的其他調味料，有時也會用醬色著色而製得各種不同的醋製品。

釀造製成的醋，雖然是含有醋酸的酸味調味料，但它和人工的醋酸稀溶液不同。含有其他發揮性和不發揮性的有機酸類、糖類、氨基酸類、酯類等具有芳香美味的成分。

🍶 醋的種類

依製造方法之不同可分為：釀造醋、合成醋及加工醋。

1. 釀造醋：

　　是把含有澱粉質、糖類或酒精的原料，經由微生物作用發酵後，過濾製成者皆屬之。釀造醋雖是以醋酸為主的酸性調味料，然而其釀造過程仍須經酵母天然發酵而成，所以釀造醋的成分中，除了醋酸外，還有其他揮發性有機酸類、醣類、氨基酸和酯類等，互調合成氣味香醇、食感溫和的特殊風味，成為人們所嗜好的釀造食品。

　　在早期，中國以地區分成的山西醋、鎮江醋及四川保寧醋為最有名。而以原料分，則有米醋，如白醋、黃醋、清醋等；以麥為原料則為麥醋；以高粱為原料則為高粱醋，另有紅麴醋；以麩皮為原料則稱冬醋、精醋等。鎮江有以酒糟為原料製醋稱滷醋。也有以水果為原料製醋，如鳳梨醋、香蕉醋等。而歐美則多以麥芽或各種水果為原料。目前市面上大都採用下列的歸類說法：

・**穀物醋**：以穀物類先進行酒精發酵過程，再進行醋酸發酵。例如：糙米、精米、麥、麥芽、玉米、高粱……。

・**水果醋**：水果含有相當多的各種糖類及有機酸，十分適合醋的製造，又具有特殊的芳香風味。製法大約都先進行水果酒的酒精發酵，再進行醋酸發酵，例如：梅、李、杏、葡萄、柚、蘋果、芒果、鳳梨……。

・**蔬菜醋**：例如：胡蘿蔔、山藥……。

・**花茶醋**：一般先完成釀造米醋的過程，過濾後，再加入花茶類原

料繼續發酵會有較好的效果。如果一開始就同時加入花茶類原料，最好採取酒精稀釋的方式發酵才不會導致風味混淆不清。在德國，花茶醋的製造過程是以釀造葡萄酒的程序製作，產製的花茶醋約有三十五種，而每種花茶醋釀造的時間至少三年以上，因為無法大量生產，所以花茶醋的價值由此可見。花茶醋的口感如葡萄酒般較為溫潤，建議品嚐花茶醋時，可嘗試不稀釋的原味，並且如品酒般慢慢流入舌尖、喉嚨。

玫瑰花醋：按純正古歐洲花露的製造方式，再精釀而成花醋，富含淡雅的玫瑰香和玫瑰菁華。

紅酒栗子花醋：以純釀紅酒加上栗子花蜜釀製而成，適宜用在烹調西式鴨胸肉或鵝肝等料理。

紫羅蘭花醋：按古法所釀製，品嚐起來香甜，不含多餘糖分。

· **酒精醋：**酒精以水稀釋，再加入醋酸菌的營養物質使其發酵成醋。因製造成本低廉，所以歐美各國普遍以此法為主。

· **酒糟醋：**以穀類為原料的釀造酒酒糟都是製醋原料，如鎮江醋即以紹興酒糟為原料。如果用酒糟製醋，必須放於暗處密閉貯藏一段日子，如此有利酵素作用，使糖分、有機酸類、可溶性含氮物質增加，對於醋的風味及製成都有所幫助。

2. 合成醋：

冰醋酸稀釋後，完全不經發酵過程，加入氨基酸、有機酸、果汁、調味料、香料、色素等，其風味遠不及釀造醋。

3. 加工醋：

　　將釀造醋進一步加工，與合成醋及其他材料相調配製成。例如直接用米醋浸泡水果或五穀，即所謂浸泡醋。

醋的分類

一‧依中國歷史上的釀醋法不同，大致分為三大類：

1. 陳醋：

　　先將酒麴和糊化後的高粱、白米拌合，發酵製成醋醪，然後移至淋缸，用冷開水反覆過淋，再將成品新醋放在室外進行「夏天日曬夜露」或「冬天撈冰陳釀」的後發酵，使水分越來越少，醋的濃度越來越高，最後密封於甕中陳放。

2. 釀米醋：

米醋是以糯米為原料，其工序是先糖化再酒化，為了使發酵微生物繁殖的更好，溫度不能超過 30℃。飯粒既要熟透，又不能太軟或太硬，在釀造的過程中，為了提供足夠的氧氣，擴大醋酸菌的繁殖，採用中途多次添加酒化液或中途加糖的做法。如中國的鎮江香醋就是一種典型的米醋，距今已有約一千四百多年的歷史。

3. 釀藥醋：

中國是藥醋的發源地，距今已有約一千三百多年的歷史。它是以麩皮、中草藥及少量的米或小麥為原料，經過製麴酒化、醋化、淋醋和熬煎製成。如四川的保寧醋以其獨特的清香醇厚之味聞名。

二‧依中國歷史上的釀醋法不同，大致分為三大類：

1. 釀造醋：

米醋：用穀類糧食等原料釀成，米醋因加工方法不同，可再分為熏醋、香醋、麩醋⋯⋯。

糖醋：用麥芽糖或糖渣等原料釀成。

酒醋：用白酒、米酒、水果酒或酒糟等原料釀成。

1. 人工合成醋：

色醋：含有顏色的人工合成醋。

白醋：可再分普通白醋和醋精。

一般人工合成醋，通稱醋精（客家炒大腸即加此醋），它是用可食用的冰醋酸稀釋而成，其醋味很大，但無香味。冰醋酸對人體有一定的腐蝕作用，使用時應進行稀釋，一般規定冰醋酸含量不能超過 3 ～ 4 度。同時這種醋不含釀造醋的各種營養素，因此它不容易發

霉變質，也因此沒有營養作用，只可起到調味作用。若無特殊需要，最好少喝為妙，還是喝釀造醋較好。

三‧若按原料處理方法來分：

1.生料醋：糧食原料不經蒸煮糊化處理後，直接用來釀醋稱之生料醋。

2.熟料醋：糧食原料經過蒸煮糊化處理後，直接用來釀醋稱之熟料醋。

四‧若按釀醋糖化麴分類：

1.麩麴醋：添加麩麴作為糖化劑。

2.老法麴醋：添加傳統的酒藥或酒餅作為糖化劑。

五‧醋酸發酵方式來分：

1.固態發酵醋：

　　如山西老陳醋、鎮江香醋、四川麩醋、北京薰醋。一般以穀類糧食為主料，以麥麩、穀糠、稻殼為填充料，以大麴、小麴為發酵劑，經過糖化、酒精發酵、醋酸發酵而得成品。生產週期最短為一個月，最長達一年以上。

2.液態發酵醋：

　　如福建紅麴老醋、漳州白醋、東北酒精醋。一般以米、高粱、玉米為主料，一部分以糖、酒為原料，以野生微生物為發酵劑，經過糖化、酒精發酵、醋酸發酵而得成品。醋酸發酵是在液態靜置情況下進行。生產週期最短為 10 ～ 30 天，最長達 3 年左右。成品的酸度 2.5 ～ 8 度左右。

3.固液態發酵醋：

　　俗稱「二步法」。本法將釀醋的全過程分為液化、糖化、酒精

液態發酵，再經固態機械翻醅、醋汁回流法進行醋酸發酵，並且使用純種培養的酒麴、酵母菌和醋酸菌。

六‧若按釀醋糖化麴分類：

1. 濃色醋：醋的顏色是深色。

2. 淡色醋：醋的顏色是淡色。

3. 白醋：醋的顏色是透明。

七‧若按風味分類：

1. 陳醋：醋香味較濃。

2. 熏醋：具有特殊焦香味。

3. 甜醋：添加了糖等甜味劑。

4. 藥醋：添加了中草藥材、植物性香料。

八‧若按食用方式來分類：

1. 烹調型食醋：

　　酸度為 5 度左右，味濃醇香，具有解腥去羶助鮮的作用。適於烹調 魚、肉類及海味等。若用釀造的米醋不會影響菜餚的原有色調。

2. 佐餐型食醋：

　　酸度為 4 度左右，味較甜，適合拌涼菜或蘸食，如涼拌黃瓜及做點心、油炸食品等，有較強的助鮮作用。

3. 保健型食醋：

　　酸度較低，一般為 3 度左右。風味較好，以每天早、晚或飯後飲用 1 小杯（10 cc左右）為佳，可起到預防治病的作用。醋蛋液的醋也是屬於此種，但其酸度濃度為9度左右，其保健效果更明顯更安全。

4. 飲料型食醋：

　　酸度只有 1 度左右，在發酵過程中加入糖及水果等，形成醋酸飲料，具有清涼去暑、生津解渴、增進食慾和消除疲勞的作用。此型的醋飲料一般具有酸甜適中、爽口不粘等特點，為消費者所喜愛。沖入冰水後可成為口感更佳的飲料。

醋 的 品 質 鑑 定 、 選 擇 與 保 存

選購醋品時應以下面幾項鑑別其品質：

1. 看顏色：

　　優質的醋應要求為琥珀色、紅棕色或黑紫色，而且有光澤。

2. 聞香味：

　　優質的醋具有芳香和酸味，沒有其他氣味。

3. 嚐味道：

　　優質的醋酸度雖高，但無刺激感，酸味柔和，稍有甜味，不澀，無其他異味，回味綿長，濃度適當。

4. 沉澱物：

　　優質的醋應透明澄清，濃度適當，沒有懸浮物、沉澱物、霉花浮膜。如果是純民間釀造，大都因為沒有良好的過濾設備，消費者大都能允許少許的沉澱物存在。

5. 瓶裝醋與散裝醋：

　　醋從出廠時算起，瓶裝醋三個月內不得有霉花浮膜等變質現象。散裝的一個月內不得有霉花浮膜等變質現象。

6. 假醋：

　　大多用冰醋酸直接兌水製成，顏色淺淡或發黑，開瓶時酸氣沖眼睛、無香氣、口味單薄，除酸味外，有明顯苦澀味，常有沉澱物及懸浮物。

如何鑑別釀造醋還是合成醋？

鑑別法	釀造醋	合成醋
顏色判斷	有顏色（色澤較深）	無顏色（或色較淺）或用調色仿真處理
泡沫判斷	搖動後有泡沫、持續較久	搖動後泡沫較少、容易消失
香味判斷	芳香醇美、醒鼻清爽、香氣上竄，入口香醇，無刺激性或不適感	刺激性酸味、嗆鼻之感，入口帶有刺舌的酸辣感
蛋白質沉澱	儲放過久，偶有蛋白質沉澱	不會有蛋白質沉澱

・用顏色判斷較不準，目前人工加工的醋，都會加色素香料調整混淆，甚至加入濃稠劑或糖分以增加濃度色澤，不可盡信。

・在泡沫判斷上，須兩瓶同時間搖動，並同時靜置觀察才較準確，只要醋瓶中加了相當的糖分，都可以搖出泡沫。

醋 的 貯 存 方 法

1. 裝醋的瓶子、罐甕，一定要乾淨、無水、無油。

2. 在裝醋的瓶中，加入幾滴白酒和少量食鹽混勻後放置，可使食醋變香不易長白霉，能貯存較長時間。

3. 在裝醋的瓶中加入少許的香油，使表面覆蓋一層薄薄的油膜，減少空氣的接觸，可防止醋發霉變質。

4. 在裝醋的瓶中放入一段蔥白或幾個蔥瓣，也可起到防霉作用。

5. 醋不宜用銅器盛放，會使銅與醋酸發生化學變化，產生醋酸銅等物質，對人體健康不利。

醋 的 妙 用

1. **去洋蔥味：**

   切過洋蔥後，手上留有洋蔥味，蘸點醋來洗就能消除。

2. **使菜花鮮白：**

   煮椰菜花時，滴下幾滴醋，菜花會較雪白。

3. **用於蓮藕：**

   切蓮藕後，蘸點醋水可使蓮藕煮後色白而不變黑。

4. **除去魚腥：**

   烹調魚類，最後滴點醋可除腥味。

5. 用於保溫瓶：

保溫瓶用久了，底部會有閃亮的東西浮現，這是水中雜質引起反應使瓶內壁膜脫落。可用 1 杯醋浸泡 2 小時，再用清水沖洗。

6. 有助洗玻璃：

洗玻璃器皿時，滴入一點醋便可保持器皿閃亮。

7. 治頭髮脫落：

用陳醋 200 cc加溫水 300 cc混勻後洗頭，能治頭髮脫落、頭皮屑多及頭皮發癢。

8. 舒緩疲勞：

長途跋涉、旅遊或體力勞動之後常感疲勞，泡食醋的溫水浴，清爽適意，疲勞盡消。

9. 止癢：

有香港腳表徵時，噴醋或浸泡醋，可達到皮膚止癢及去角質的效果。

怎麼吃醋
最好

醋在烹調中的使用範圍

醋，味酸醇厚，液香而柔和，在中國烹飪中是一種不可少的調味佳品。不論是烹製醋溜類、糖醋類、酸辣類、涼拌類菜餚，還是吃小籠湯包、水餃、涼拌麵時都常使用食醋調味。

食醋的酸味主要來自醋酸，不同食醋的醋酸含量不等，一般酸度大約在 4～10 度之間，例如：萬家香的水果醋酸度為 4.5 度，工研的陳年醋酸度有 6 度與 10 度，而台灣賣的鎮江香醋酸度 5.5 度以上，山西的老陳醋醋酸含量則可高達 11 度。

醋的成分，除了含醋酸外，還含有其他營養成分，如乳酸、葡萄糖酸、琥珀酸、胺基酸、糖、鈣、磷、鐵、維生素等。

一·食醋在烹飪中應用很廣，大致有下列幾點：

1. 能調合菜餚滋味。

2. 增加香味。

3. 去除不良氣味。

4. 可減少原料中維生素的損失。

5. 促進原料中鈣、磷、鐵等礦物質的溶解，提高菜餚中的營養價值。

6. 能調節和刺激食慾。

7. 促進消化液的分泌，有助於食物的消化吸收。

8. 是調製糖醋味、荔枝味、魚香味、酸辣味等複合味菜餚的重要原料。

9. 在炸、烤肉類原料外層抹上醋和麥芽糖，能增加製品的酥脆度。

10. 具有抑制害菌和殺菌功能，所以可用於食物和原料的保鮮防腐。

11. 在原料加工中，食醋可防止果蔬類原料氧化變色。例如：將馬鈴

薯浸在水中，加入 10g 食醋就能保持原有的顏色而不會褐變。

12. 可使肉類軟化，是一種較好的軟化劑。

醋在食療方面的作用

1. 作為酸性調味劑：

例如米醋、蘋果醋、白葡萄醋、紅葡萄醋。

2. 保健作用：

早晚取 25 cc 的食醋，加入 4 ～ 5 倍的開水稀釋飲用，或加入蜂蜜、薑汁等調製成飲料醋，例如梅醋、蜂蜜醋、鳳梨醋、薏仁醋、糙米醋、小麥胚芽醋。目前日本最流行一種喝法，是將 30 cc 的釀造醋加入 570 cc 的礦泉水中混勻，當作一天的健康飲料，不需額外再加糖。

3. 療效作用：

· 防止或消除疲勞。
· 具有預防動脈硬化、高血壓、增進食慾、幫助消化等作用。
· 美容作用：在洗臉水、洗澡水中滴入幾滴醋，對皮膚有益。
· 防腐作用：食醋在調味品中具有較強的防腐殺菌作用，能防止食物中的腐敗菌繁殖，而且對病源菌也有殺菌作用，例如：傷寒病菌。

醋的保健功能

醋的保健理論，證實是 1953 年由英國物理學家克利布斯博士發現。經實驗證明，醋是檸檬酸循環（TCA）絕對需要的東西。1964 年美國 Boroho 及法國 Linna 兩位教授也提出證實，醋能促進副腎皮質荷爾蒙分泌，治療成人病最有效。這三位教授提出的醋理論，不僅使醋的保健功能獲得肯定，並且也奪得諾貝爾獎。

■ 克利布斯循環理論

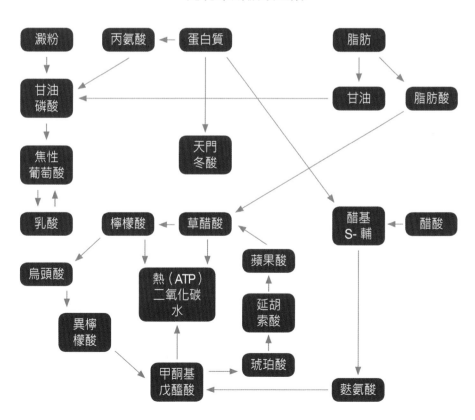

現代醫學認為食醋的養生保健功能，有以下的作用：

1. 醋能開胃：

　　悶熱的夏天讓人胃口盡失，吃一些涼爽、帶酸味的料理可以激起食慾。具有酸味的食物能促進唾液的產生，幫助胃腸蠕動，對食物的消化吸收和增進食慾有很大的功效。醋含有揮發性物質，如氨基酸類、有機酸類等香味，對大腦中樞會發生刺激作用，增進消化器機能，刺激唾液產生，幫助腸胃蠕動。

2. 醋能刺激胃酸分泌、幫助消化：

　　醋能幫助消化，增進食慾，提高唾液及胃液的分泌，有利於食物營養成分的吸收。醋中的揮發物質和氨基酸可刺激大腦神經，促進消化液的分泌。所以喝適量的醋，對一些原本胃酸分泌較少的人有一點幫助，不過，消化道功能正常的人就不必刻意藉喝醋來增進消化。

3. 調和味道：

　　食醋可增強或改變食物的味道，使油膩的東西爽口，使味道潤滑而美味。菜餚太甜或太鹹，加一些醋能中和味道，減緩甜味或鹹味。

4. 軟化肉質：

　　醃肉時加入少許醋，可以防止肉類的水分脫失，避免肉質變得乾澀難入口。而且醃肉過程中，醋會滲入肉裡，軟化肉質。烹調蝦子時，滴少許醋，可讓煮熟的蝦殼顏色鮮紅亮麗，而且剝除蝦殼時，殼和肉也容易分離。

5. 幫助易於攝取鈣質：

　　烹調排骨湯時，可以加入少量的醋，有助於骨頭裡的鈣質釋出，讓我們更容易吸收到鈣質。國人對鈣的攝取量長期不足，加上蛋白質攝取過量、運動不足、食用富含磷的食品都是造成鈣流失的原因。骨骼中的鈣減少，骨質就會疏鬆、脆弱、易折。根據最新研究指出，人體在缺乏鈣質的情況下，胃腸容易吸收草酸鹽，導致結石症。醋進入人體後，醋酸和鈣合成醋酸鈣，容易被吸收，攝取的鈣就能充分被利用。另外，醋有軟化骨骼的副作用，過量服用有礙鈣的代謝，使骨質的堅硬度受損。

6. 醋能預防高血壓：

　　「少鹽多醋」是中國人傳統的健康飲食之道。但是現代人外食頻率高、吃大量的加工食品，攝取鹽量早就超過每天 6g 的建議量。食醋可以達到減鹽的效果，並可改變味道，防止高血壓。如果能善用醋來增加菜餚風味以減少用鹽，確實能降低罹患高血壓、動脈硬化、冠狀動脈心臟病、中風等疾病的風險。另外，水果醋裡含有礦物質鉀，可以幫助身體排出過剩的鈉，能預防高血壓。

7. 殺菌防腐：

　　醋具有很強的殺菌及防腐能力，可以殺傷腸道中的葡萄球菌、大腸桿菌、痢疾桿菌、嗜鹽菌等，功能可媲美食鹽，因此日常生活中被廣泛使用。古人用醋來醃漬魚肉或蔬菜，就是把醋當作優良的防腐殺菌劑。許多家庭或餐館常用醋來消毒調理場所，就是利用醋的強力殺菌力。幾乎所有有害細菌在醋中放置 30 分鐘以上都不能生存。也有人利用浸泡醋來治療香港腳、體癬、手足癬等。

8. 提神、促進新陳代謝、消除疲勞：

代謝醋中含有枸櫞酸、醋酸及各種氨基酸，疲勞時喝健康醋可以將體內堆積的乳酸和丙酮酸分解為碳酸殘渣和水，並且予以氧化，使疲勞消除。肩膀酸痛、肌肉僵硬是由於乳酸堆積，喝醋可以改善，並進行適度的運動，可以促進新陳代謝使身體更加柔軟。醋中的 L 氨基酸可提高皮膚的再生能力。此外，糙米醋中的氨基酸也和組織蛋白質的合成有關，具有促進新陳代謝的作用。

9. 調節和改善體內器官的運作：

· 食醋能促進高密度脂蛋白質生成，增進膽固醇代謝。

· 食醋可以預防衰老，抑制或降低人體衰老過程中氧化物的形成。

· 食醋能調解血液的酸鹼平衡，維持人體內環境的相對穩定。

· 食醋可安定食物中的維他命 C，減少維他命接觸空氣時被氧化的速度。

· 食醋可以增強肝臟的功能，促進新陳代謝。

· 食醋還可以擴張血管，有利於降低血壓，防止心血管病變的發生。

· 食醋可以增強腎臟功能，有利尿功能，並能降低尿糖的含量。

· 食醋還可以使體內過多的脂肪轉變成體能被消耗掉，並促進糖和蛋白質的代謝，所以可以防治肥胖。

· 食醋能擴張血管，可以增加皮膚的血液循環，起到美容護膚的作用。

· 食醋中含有抗癌物質，長期飲用米醋加蜂蜜和礦泉水的飲料，對胃癌有較好的作用。

市售各種醋的療效參考彙總

　　醋在日常生活上是一種很好的食療品，除了一般公認有除臭、去腥、保鮮、減鹽、殺菌、美容、祛濕、解酒、抗敏、開胃等功用外，不少坊間仍流傳下列功效，在此彙總供讀者參考。

　　人一旦生病仍要找合格的醫生治療，喝醋療法只是輔助性的食物療法，每個人的體質都不相同，吸收的程度也不一樣。喝醋保健時一定要選擇好醋，尤其要喝釀造的醋，每次適量、適時，千萬不要相信偏方才不會耽誤病情。

醋的種類	療效說明
糙米醋	預防感冒、結石、痛風、糖尿病、降低高血壓、消脂、減肥瘦身、強化肝臟、新陳代謝、消除疲勞、抗衰老、促進血液循環、防止血液及體液酸化、促進鈣質吸收
米醋	痛風、尿酸、糖尿病、膽固醇、血液粘稠度過高、預防脂肪肝、減肥瘦身、促進新陳代謝、消除疲勞、抗衰老、防止血液及體液酸化、促進鈣質吸收、防過敏、青春痘、口角炎
醋精	預防感冒、結石、痛風、糖尿病、降低高血壓、消脂、減肥瘦身、強化肝臟、新陳代謝、消除疲勞、抗衰老、促進血液循環、防止血液及體液酸化、促進鈣質吸收、集合穀類醋之優點
陳年醋	生津止渴、預防感冒、結石、痛風、糖尿病、降低高血壓、消脂、減肥瘦身、強化肝臟、新陳代謝、消除疲勞、抗衰老、促進血液循環、防止血液及體液酸化、促進鈣質吸收
紅麴醋	淨化血管、降膽固醇、防膽結石、痛風、糖尿病、高血壓、減肥瘦身、新陳代謝、消除疲勞、抗衰老、防止血液及體液酸化、促進鈣質吸收、促進鐵吸收、防貧血、前列腺肥大、帕金森氏症
檸檬醋	預防感冒、生津健胃、腎結石、膽結石、偏頭痛、感冒引起的頭痛、去黑斑、減肥瘦身、增加抵抗力、清神醒腦、痛風、新陳代謝、消除疲勞、抗衰老、防止血液及體液酸化、促進鈣質吸收、潤腸通便、促進尿酸代謝、強壯肝臟機能
梅子醋	防止血液及體液酸化、血液循環不良者、促進鈣質吸收、活化肝細胞、調節腸道機能、強健胃腸、子宮有病變、降高血壓、肝炎、生津止渴、安定情緒、減肥瘦身、新陳代謝、消除疲勞、抗衰老、瘀血、痛風、清除體內雜質、消除胃酸過多、治療噁心嘔吐、殺菌除蟲
李子醋	腎功能不好、膀胱無力、攝護腺肥大、下盤虛寒、頻尿、促進新陳代謝、消除疲勞、抗衰老、防止血液及體液酸化、促進鈣質吸收、生津止渴

醋的種類	療效説明
桑椹醋	生津止渴、預防感冒、滋補明目、養血補血、烏髮、月經失調、經痛、內分泌失調、婦科疾病、糖尿病、男性性功能障礙、腎功能差、止咳補氣。可做胃病、關節疼痛、便秘之治療。視力減弱、習慣性失眠、改善支氣管疾病、滋養腎臟功能
水蜜桃醋	生津止渴、新陳代謝、消除疲勞、抗衰老、防止血液及體液酸化、促進鈣質吸收
蘋果醋	預防膽固醇升高、預防心肌梗塞、預防高血壓、增強腦部發育、消除便秘、膽結石、胃寒、調節消化、減肥、抗衰老、改善心悸心氣不足、可紓解暈車症狀
金桔醋	生津止渴、止咳、化痰、消除脹氣、氣喘、熱咳、新陳代謝、消除疲勞、抗衰老、防止血液及體液酸化、促進鈣質吸收
鳳梨醋	生津止渴、促進食慾、幫助消化、改善便秘、坐骨神經痛、骨刺、減肥、新陳代謝、消除疲勞、抗衰老、防止血液及體液酸化、促進鈣質吸收、止咳化痰、去口乾舌燥、除口臭、治長期胃病與風濕
柳橙醋	生津止渴、新陳代謝、消除疲勞、抗衰老、防止血液及體液酸化、促進鈣質吸收
百香果醋	生津止渴、新陳代謝、消除疲勞、抗衰老、防止血液及體液酸化、促進鈣質吸收
葡萄醋	生津止渴、消炎利尿、安胎、補血、高血壓、低血壓、氣血不足、防抽筋、新陳代謝、消除疲勞、抗衰老、防止血液及體液酸化、促進鈣質吸收、預防血管破裂出血、抗氧化、防癌
楊桃醋	生津止渴、咽喉炎、長期乾咳、潤喉、喉嚨病變、新陳代謝、消除疲勞、抗衰老、防止血液及體液酸化、促進鈣質吸收

醋的種類	療效説明
草莓醋	新陳代謝、消除疲勞、抗衰老、防止血液及體液酸化、促進鈣質吸收、生津止渴
蕃茄醋	腸癌、胃癌、肺癌、攝護腺癌、心臟病、口角炎、十二指腸潰瘍、新陳代謝、消除疲勞、抗衰老、防止血液及體液酸化、促進鈣質吸收
龍眼醋	安神、腦神經衰弱、補血、睡眠不好、新陳代謝、消除疲勞、抗衰老、防止血液及體液酸化、促進鈣質吸收
蓮霧醋	新陳代謝、消除疲勞、抗衰老、防止血液及體液酸化、促進鈣質吸收、生津止渴
茂柑橘醋	生津止渴、去咳、去痰、消除脹氣、氣喘、熱咳、新陳代謝、消除疲勞、抗衰老、防止血液及體液酸化、促進鈣質吸收
橄欖醋	生津止渴、皮膚癢、胃脹氣、蕁麻疹、新陳代謝、消除疲勞、抗衰老、防止血液及體液酸化、促進鈣質吸收
柚子醋	生津止渴、心燥熱、心臟病、降高血壓、消除口臭、利尿、解酒、通便、消除腸炎、肺癌、酸痛、新陳代謝、消除疲勞、抗衰老、防止血液及體液酸化、促進鈣質吸收
李子醋	腎功能不好、膀胱無力、攝護腺肥大、下盤虛寒、頻尿、促進新陳代謝、消除疲勞、抗衰老、防止血液及體液酸化、促進鈣質吸收、生津止渴
綜合水果醋	生津止渴、新陳代謝、消除疲勞、抗衰老、防止血液及體液酸化、促進鈣質吸收、集合水果醋之優點
山藥醋	新陳代謝、消除疲勞、抗衰老、防止血液及體液酸化、促進鈣質吸收

醋的種類	療效說明
山苦瓜醋	新陳代謝、消除疲勞、抗衰老、防止血液及體液酸化、促進鈣質吸收
南瓜醋	新陳代謝、消除疲勞、抗衰老、防止血液及體液酸化、促進鈣質吸收
牛蒡醋	生津止渴、改善糖尿病、降低膽固醇、減少便秘、促進新陳代謝、消除疲勞、抗衰老、防止血液及體液酸化、促進鈣質吸收
辣椒醋	氣喘、神經痛、心肌梗塞、末梢神經障礙、胃痛、胃寒、胃潰瘍、十二指腸潰瘍、止咳、新陳代謝、消除疲勞、抗衰老、防止血液及體液酸化、促進鈣質吸收
薑醋	生津止渴、感冒引起的各種酸痛、流鼻水、鼻塞、胃寒、去結石、暈車、中暑、新陳代謝、消除疲勞、抗衰老、防止血液及體液酸化、促進鈣質吸收
大蒜醋	發炎、去咳、消除脹氣、氣喘、熱咳、新陳代謝、消除疲勞、抗衰老、防止血液及體液酸化、促進鈣質吸收
黑豆醋	滋補腎臟、消水腫、助頭髮烏黑、預防關節退化、新陳代謝、消除疲勞、抗衰老、防止血液及體液酸化、促進鈣質吸收
花生醋	降血壓、軟化血管、減少膽固醇累積、對心臟和腦血管疾病有療效、新陳代謝、消除疲勞、抗衰老、防止血液及體液酸化、促進鈣質吸收
胡蘿蔔醋	明目、老花眼、近視眼、肺癌、心臟病、新陳代謝、消除疲勞、抗衰老、防止血液及體液酸化、促進鈣質吸收
甜菜根醋	新陳代謝、消除疲勞、抗衰老、防止血液及體液酸化、促進鈣質吸收

醋的種類	療效説明
蘆薈醋	新陳代謝、消除疲勞、抗衰老、防止血液及體液酸化、促進鈣質吸收
玫瑰花醋	新陳代謝、消除疲勞、抗衰老、防止血液及體液酸化、促進鈣質吸收
桂花醋	生津止渴、養聲潤肺、生津化痰、去口乾舌燥、除口臭、新陳代謝、消除疲勞、抗衰老、防止血液及體液酸化、促進鈣質吸收
蓮花醋	生津止渴、調整體質、促進新陳代謝、消除疲勞、抗衰老、防止血液及體液酸化、促進鈣質吸收
菊花醋	生津止渴、促進新陳代謝、消除疲勞、抗衰老、防止血液及體液酸化、促進鈣質吸收
迷迭香醋	促進新陳代謝、消除疲勞、抗衰老、防止血液及體液酸化、促進鈣質吸收
紫蘇醋	利尿除痰、安胎、去腳氣、促進新陳代謝、消除疲勞、抗衰老、防止血液及體液酸化、促進鈣質吸收、解魚蟹海鮮毒
薄荷醋	生津止渴、促進新陳代謝、消除疲勞、抗衰老、防止血液及體液酸化、促進鈣質吸收
櫻花醋	改善貧血、益脾養肝、促進新陳代謝、消除疲勞、抗衰老、防止血液及體液酸化、促進鈣質吸收、增進食慾、美容養顏
茶醋	潤腸通便、促進新陳代謝、消除疲勞、抗衰老、防止血液及體液酸化、促進鈣質吸收

醋的種類	療效説明
蜂蜜醋	美白肌膚、烏髮、清腸、養肝、新陳代謝、消除疲勞、抗衰老、防止血液及體液酸化、促進鈣質吸收
黑糖醋	補血養血、促進新陳代謝、消除疲勞、抗衰老、防止血液及體液酸化、促進鈣質吸收
五葉松醋	生津止渴、保護血管、改善末梢循環、改善關節炎、風濕痛、消炎退腫、止咳、促進新陳代謝、消除疲勞、抗衰老、防止血液及體液酸化、促進鈣質吸收、高血壓、低血壓、胃潰瘍、糖尿病、氣喘、便秘、宿醉、調氣、預防老年失智、預防動脈硬化、強化心臟、促進毛髮生長
四物醋	補血養血、經痛、月經不順、婦女病、便秘發育調整體質、腰酸背痛、皮膚乾燥、貧血、促進新陳代謝、消除疲勞、抗衰老、防止血液及體液酸化、促進鈣質吸收、治女人血氣病痛和赤白痢

醋的食用禁忌

吃醋不宜過多。《內經·素問》記載:「醋傷筋,過節也」。《本草綱目》中也有記載:「多食損筋,亦損胃」;「骨酸屬水,脾病勿多食酸,酸傷脾,肉絤而唇揭」,所以患傷者不宜多吃醋。

現代醫學證明,醋酸有軟化骨骼和脫鈣的作用,所以骨傷病人吃醋後會使傷處感覺痠軟,疼痛加劇,影響骨折復合。

在日常的生活中,吃醋的量不宜過多,一般來說成人每天可食用 20 ～ 40 cc,最多不要超過 100 cc(指酸度在 4.5 度左右的醋,市售的醋品都會建議,喝的時候都須稀釋 4 ～ 5 倍的冷開水,避免傷了口腔與喉嚨),老弱婦孺及病人則應依據自己的體質情況,適當減少份量。如果為了治病而無限制地飲醋則不可取。因為現代醫學發現,過量飲醋會有礙鈣的代謝,使骨質疏鬆。

即便是正常人,在空腹時也不宜攝入過多的食醋以免損傷胃部。另外膽結石的病人若吃過多的醋,可能誘發膽絞痛,因為酸性食物進入十二指腸後會刺激分泌腸激素而引起膽囊收縮,產生膽絞痛。還有服用某些藥時不宜吃醋,例如磺胺類的藥物,在酸性環境中容易形成結晶會損害腎臟。

吃醋健康法

・不一定需要每天喝醋：

綜合專家看法，適量「吃醋」對健康沒有壞處，其實只要飲食均衡好，並不是每日喝醋不可。因此不必對「醋」抱持過高的期待，更不要誤信偏方，以為它能治病。天天喝醋與否，純粹是個人飲食和養生偏好。沒有喝醋習慣的人偶爾調一杯醋飲料，換一換口味增添生活樂趣。倒是要注意吃醋的時機和份量，吃得不恰當，反而傷身。

・空腹不宜喝醋：

無論胃腸多強健都不適合在空腹時喝醋，免得刺激分泌過多胃酸，傷害胃壁。在餐與餐之間，或飯後一小時再喝醋，比較不刺激胃腸，順便幫助消化。

・每天最多喝 1 ～ 2 杯稀釋的醋：

少量吃醋無礙，但大量喝醋對胃腸刺激太大。再者，市售的水果醋或其他醋飲料裡往往加入大量的糖，如果以醋飲取代開水、茶等飲料，額外增加不少熱量，長期喝下來，肥胖機會大增，對控制體重更不利。

・有胃腸功能障礙的人少吃醋：

1. 胃壁過薄、胃酸分泌過多、胃潰瘍、十二指腸潰瘍患者，吃醋宜限量，胃腸不好的人更不要嘗試喝太多的醋。

2. 正在服用藥物時，不宜吃醋。如磺胺類藥物在酸性環境中易在腎臟形成結晶，損害腎小管；正在服用碳酸氫鈉、氧化鎂等鹼性藥時，醋酸會中和鹼性藥而使其失效；服用抗生素時也不宜吃醋，因為某些抗生素的效用在酸性環境中會失效。使用慶大黴素、卡那黴素、鏈黴素、紅黴素等抗菌藥物時，不宜吃醋，因這些抗菌藥在酸性環境中會降低作用，影

響藥效。

· 注意調味醋類（烏醋或料理醋）中的鈉含量：

　　烏醋、壽司醋裡的鈉含量高，必須限鈉的高血壓病人要限量食用。烏醋裡也含比較多鉀，不適合腎臟病人。

· 日常食用醋品不宜過量：

　　成人每天可攝取 20 ～ 40cc（最多不要超過 100cc）。老弱婦孺、病人則應根據自己的體質情況減少份量。有的人為了治病，每天大量飲醋，這是不可取的。用醋食療治病應持科學態度，要適度，不要急於求成。最初應該少量試服，不適應者可減少用量，仍有不適則應停飲。此外，食醋後應隨即漱口，以免損壞牙齒。

· 薑絲炒大腸料理不宜喝湯汁：

　　由於薑絲炒大腸所用的醋是醋精（其實是酸度 45 度冰醋酸），雖微量且被稀釋，仍偏酸，使用過量對胃腸殺傷力很強，添加不夠又表現不出特色風味。以前客家人喜歡將剩餘的湯汁泡飯吃，容易誘導十二指腸潰瘍爆發，要特別注意。

食醋的最佳建議飲用量

以 碳水化合物 為主食時

 每餐最好至少需攝取 **0.6～1g** 的醋酸

 相當於 **5 度酸度的 12～20** cc ／ 相當於 **4 度酸度的 15～25** cc

以 油脂類 為主食時

 每餐最好至少需攝取 **1.5～2g** 的醋酸

 相當於 **5 度酸度的 30～40** cc ／ 相當於 **4 度酸度的 35～50** cc

以 蛋白質 為主食時

 每餐最好至少需攝取 **1～1.5g** 的醋酸

相當於 **5 度酸度的 20～30** cc ／ 相當於 **4 度酸度的 25～35** cc

健康無負擔的喝醋法

取一瓶市售600cc的礦泉水（或利用與此相同大小的空瓶裝滿冷開水），先倒出或喝掉 30 cc的水，再將想喝的 30 cc釀造醋或其他醋品加入瓶中（剩餘 570 cc的礦泉水中），混勻，不需額外加糖即完成，當做每一天的健康飲料。即使用酸度 10 度的醋來稀釋，都不需額外加糖，喝起來不酸又有回甘的感覺，這是我認為最健康滿足的喝醋建議量，而且又能完全減糖的喝法。

釀造醋與浸泡醋的保健效果不同

　　正常浸泡醋的基醋（米醋或陳年醋），一定是先從釀造醋階段發酵完成後，再加工去做浸泡，市場上仍將此類做法的浸泡醋納為釀造醋。此做法為釀造醋的二步法，採分階段處理，是釀造醋大量生產時常見的手法。做出來的醋品保健效果應該雷同，只是有些人不清楚或貪便宜，用冰醋酸或檸檬酸來代替釀造醋做出醋品，自然沒有養生保健的功效，算是酸性飲料或調味料而已。要如何知道買到的醋品是釀造，而不是調出來的產品，這是食安問題，也是近年來流行自己釀醋的原因。

釀造醋
的基本原理

從釀酒到釀醋的簡易生產流程

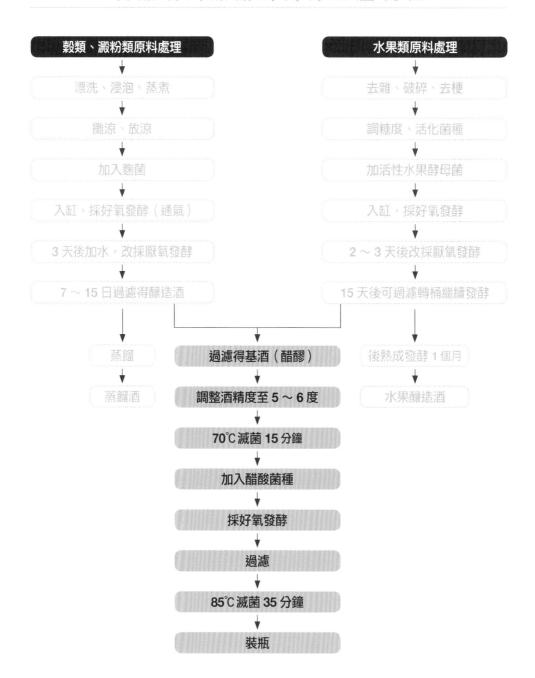

穀類、澱粉類原料處理	水果類原料處理
漂洗、浸泡、蒸煮	去雜、破碎、去梗
攤涼、放涼	調糖度、活化菌種
加入麴菌	加活性水果酵母菌
入缸，採好氧發酵（通氣）	入缸，採好氧發酵
3 天後加水，改採厭氧發酵	2 ～ 3 天後改採厭氧發酵
7 ～ 15 日過濾得釀造酒	15 天後可過濾轉桶繼續發酵

蒸餾 → 蒸餾酒

過濾得基酒（醋醪）

調整酒精度至 5 ～ 6 度

70℃滅菌 15 分鐘

加入醋酸菌種

採好氧發酵

過濾

85℃滅菌 35 分鐘

裝瓶

後熟成發酵 1 個月 → 水果釀造酒

認識醋酸菌（**Acetobacter**）微生物

醋酸菌的特徵

1. 性狀：

　　屬於醋酸單細胞屬，細胞從橢圓到桿狀；單生；常成對或呈鏈鎖狀；大小約（1 ～ 2）μm×（0.3 ～ 0.4）μm，無運動性；不產生芽孢。

　　培養於含酒精的培養液中，常在表面生長，形成淡青灰色薄膜，能利用酒精氧化為醋酸所釋出的能量而活，也能利用各種醇類及二糖類的氧化而活。在長期培養、高溫培養、含食鹽過多或營養不足的條件下，細胞有時會出現畸形，呈伸長型、線型或棒型，有的甚至是管狀膨大，呈分支狀。

2. 生理特性：

- ·好氣性。
- ·最適培養溫度為 28 ～ 30℃。
- ·最適生酸溫度為 28 ～ 33℃。
- ·最適 PH 3.5 ～ 6。
- ·發酵醋醪耐酒精度 8 度以上。
- ·最高產酸量達 7 ～ 9 度（以醋酸計）。
- ·轉化蔗糖力很弱。
- ·產葡萄糖酸能力也很弱。
- ·能氧化醋酸為二氧化碳和水。

醋酸菌主要分類

醋酸菌依其發育的最適溫度和特性，可分為兩大類：醋酸桿菌（Acetobacter）和葡萄糖氧化桿菌（Gluconobacter）。

發育適溫在30℃以上，氧化酒精為醋酸的稱為醋酸桿菌（Acetobacter）。在比較高溫的溫度下（39～40℃）仍可發育，增殖的適溫為30℃以上。主要作用是氧化酒精為醋酸，也能氧化葡萄糖生成少量葡萄糖酸，並可繼續氧化醋酸為二氧化碳和水。

發育的適溫在30℃以下，氧化葡萄糖為葡萄糖酸的是葡萄糖氧化桿菌（Gluconobacter）。這種菌能在較低的溫度下（7～9℃）發育，增殖的適溫為30℃以下，主要作用是氧化葡萄糖為葡萄糖酸，也能氧化酒精生成少量醋酸，但不能氧化醋酸為二氧化碳和水。

醋酸發酵的主要機理

乙醇（酒精）在醋酸菌的作用下氧化為乙酸（醋酸），這個過程稱為醋酸發酵。

實際上醋酸桿菌不僅能將乙醇氧化成醋酸，而且還能氧化一系列其他化合物。

醋酸發酵的原理，從乙醇氧化到醋酸可分為兩個階段。乙醇在乙醇脫氫酶的催化下先氧化成乙醛，再由乙醛通過吸水形成水化乙醛，接著由乙醛脫氫酶氧化成乙酸。

　　由於醋酸菌含有先醯輔酶 A 合成酶，因此它能氧化醋酸為二氧化碳和水。所以在食醋生產過程中發現酸度不再上升，即加入食鹽或滅菌，以抑制醋酸菌繁殖與發酵，防止醋酸分解。

<h2 style="text-align:center">一 般 釀 醋 原 料 的 準 備 條 件</h2>

醋醪（釀醋原料）準備之基本原則：

· 酒精發酵之初始糖度：15 ～ 20 Brix。

· 發酵終了之酒精濃度：6 ～ 8 度。

· 醋酸發酵前之殺菌條件：70℃、15 分鐘。

· 醋醪殺菌後末端酒精濃度：5 ～ 7 度。

　　醋醪中不足的酒精度可添加食用酒精補充。釀醋用的酒精，品質必須純淨。記住先以冷開水稀釋，再加入各種醋酸菌的營養物質使其發酵成醋。當然它的品質較其他原料所製成的要差許多，然而製造成本低廉，所以歐美各國普遍以此法為主。

　　釀醋原料中的酒精度過高，可用冷開水稀釋，但同時也會稀釋風味。

醋酸發酵的要領

1. 最好每批都用純醋酸菌種接種，若無純菌種作接種條件時，可採用每批生產好的、無污染的、沒滅過菌的釀造醋液，留 10 ～ 15% 醋酸發酵液作為醋母接種液。

2. 醋酸生產發酵的溫度最好保持在 28 ～ 35℃。

3. 每批釀造醋發酵終止酸度是 4 ～ 6 度（在酸度 4.5 度時即可進行滅菌）。

4. 發酵過程可採取通氣攪拌或靜置培養，以增加與氧氣接觸的機會為原則（採用靜置培養方式，只要培養條件對了就會產生醋膜，通氣攪拌方式只會產酸而不產醋膜）。

5. 發酵天數不等，隨當時溫度高低而不同。傳統靜置培養方式為 21 天至 3 個月，以最終酸度作為收成指標。菌種量大時，也會提高產酸速度。

6. 發酵的設備，是以發酵時釀醋原料接觸空氣面積越大、酸度增加越快為原則。

完美的釀造醋膜

傳統釀造醋法與新式釀造醋法的比較

	傳統釀造醋法	新式釀造醋法
菌種來源	1. 從空氣中，自然落體而得 2. 從舊的醋醪留種而來	採人工純種培養菌種
接醋種量	1. 沒有接菌步驟，使用舊醋液 2. 採用醋膜接種	以原料的 10% 為接菌種量
醋醪內 酒精度含量	不清楚，沒注重此部分	醋醪至少須含酒精度 3 ～ 6 度
培養溫度	適溫（25℃）	注重發酵溫度控制 28 ～ 32℃
PH 值 （酸鹼值）	不清楚，沒注重此部分	調整至 3.5 ～ 6 度
醋薄膜 產生時間	不清楚	2 ～ 3 天
醋化時間	不清楚	1. 冬天 4 ～ 5 天，夏天 1 ～ 3 天 2. 一般條件對了，經過 48 小時醋化就完成
醋酸發酵 完成時間	不清楚	1. 依接菌量的多少、強弱而定 2. 約 10 ～ 21 天

	傳統釀造醋法	新式釀造醋法
發酵培養時間	1 年	夏天 20 ～ 25 天，冬天 30 ～ 40 天
收成率	原料 1：醋汁 1	原料 1：醋汁 8（酸度 5 度）
採用基本原料	稀飯	穀類、水果、酒精
勞動力	人力多	機械替代，省工
耐酒精度	沒紀錄	耐酒精度 8 度以上
最高產酸量	沒紀錄	產酸 7 ～ 10 度以上（以醋酸計）
滅菌方式	直火煮滅菌（80 ～ 90℃）	用隔水滅菌或高溫瞬間滅菌
調糖度方式	加 2% 白糖，用醋液煮沸融化	使用白糖、果糖、麥芽、蜂蜜
加鹽方式	依用途而定	1. 依用途而定。 2. 有些培養方式是將十分之一的鹽置於醋醅表面，用醋汁回流，使其全部溶解。

成功釀醋的條件

1. 選對釀醋季節：

　　如果家中沒有良好的溫控設備時，要完美的生產出釀造醋，只有選對天候和季節來培養。在台灣，冬天氣溫普遍低，平均溫度無法達到醋酸菌正常生長及生酸的條件，常因低溫而生長停滯，對初學者的期望值是一大致命傷。因為釀醋初學者常想要迫不及待產生醋膜，卻因不可得而屢屢感到失望。通常問題不是出在釀醋的做法有錯誤，而是現實天候環境的溫度有錯，所以要成功釀醋，一定要選擇氣溫高的夏天季節來釀醋培養，才會事半功倍。

2. 釀醋基本常識概念要足夠：

　　釀醋過程一定要有氧發酵，醋醪表面積越大，接觸空氣越多，越容易產酸。要掌控釀醋原料的含酒精度，內容物以平均 5 度為原則。要想增酸，原料內容物的酒精度就要逐步提升，絕大部分的釀醋原料需要足夠的酒精度才會變酸。原料酒精度的來源，用自己釀的酒原料當然最好，如果不會釀酒，那就用買的也沒關係，但是要釀好醋，建議務必用釀造酒來釀，主要是因為釀造酒內容物所含的微量元素較豐富而多元，尤其是要留來做醋種的釀造醋。因為蒸餾酒只有酒精、酒香而沒有多元的營養源，利用它來培養醋種很快會一代不如一代。原料中含有的酒精度要夠，才會產生一定的酸度，常有人因為原料中內容物的酒精度不夠，而一直怪不夠酸或不會產酸。一定要在發酵培養過程中，不斷的將酒精度逐步提高，產酸能力才會提高。不是放越久，酸度就會越高，這和釀醋原料的內容物酒精度的高低有絕對關係。

3. 對測酒精度或測酸度一定要非常正確而熟練：

　　家中要自備一套檢測工具，隨時可用來做酒和醋的生產管理，否則只有買標籤上有正確標示的釀造酒來稀釋使用，但成品成本普遍偏高。很多人不會測酒精度或沒搞懂差異性，而且透明的蒸餾酒與有顏色的蒸餾酒測法不一樣。釀造酒更要注意需先蒸餾才能測酒精度（請參考 P.122 檢測方法）。如果沒有檢測設備就要靠記錄及經驗準則來判斷，但有時味蕾會因個人情緒及身體狀況而失真，如果不是品評專家很難精準。

4. 醋的雜菌基本都是浮在表面，處理時撈掉表面雜菌，再擦拭缸緣雜菌：

　　千萬不要將整缸用倒的方式過濾雜菌，會造成污染更擴大。也不要先噴酒精，一定要先撈掉雜菌才噴酒精，否則雜菌一碰到酒精容易下沉及擴散，反而更不好處理。另外，不要誤判雜菌膜為醋膜，雜菌用手去觸摸時通常是滑膩的，而且顏色多變，香味不純，液體也會較濁。

5. 醋的複製及擴大培養增殖要即時：

　　基本上一旦表面產生醋膜就可以複製，不要拖太久到營養源被消耗才複製。如果要精確，最好都透過檢測儀器來測酸度判斷。當發酵過程中酸度已達到 2 度時即可再複製，培養成釀造醋的成功率最高，而且在培養液中適當降低 PH 值，即可改善培養醋的內部環境。醋種的添加量或保留量至少十分之一以上，越多越好，越不容易失敗，產酸能力與產酸時間才不會變慢。我個人認為不失敗的產酸能力，是每一個發酵缸只收成半缸的醋液，然後處理滅菌包裝為成品，留下半缸醋液當醋種，再加入半缸量的釀醋新原料，如此隨時成為優勢菌種，發酵完成快（夏天氣候條件佳時，大約 6 ～ 10 天就可達到酸度收成），又不容易受到污染。

釀 醋 前 的 準 備

重量與容量單位使用說明

〈重量單位的換算〉

1 噸 = 1000 公斤（kg）

1 公斤（kg）= 1000 公克（g）= 2.2 磅 = 1000cc

1 磅 = 454 公克（g）

1 台斤 = 0.6 公斤（kg）= 600 公克（g）= 16 兩 = 600cc

1 台兩 = 37.5 公克（g）

1 市斤 = 0.5 公斤（kg）= 500 公克（g）

〈容量單位的換算〉

1 斗 = 7 公斤（kg）= 11.5 台斤

1 大匙 = 15 公克（g）= 3 小匙 = 15cc

1 小匙 = 1 茶匙 = 5 公克（g）= 5cc

1 杯 = 16 大匙 = 240cc

釀造醋的
製作方法

如何培養製作醋母（醋種）

醋酸發酵主要是由醋酸菌引起的，它很重要一點是能氧化酒精為醋酸，把葡萄糖氧化為葡萄糖酸，它是醋酸發酵中最重要的菌。

古法釀醋的醋酸菌，完全是依靠在空氣中的醋酸菌。利用原料、其他配料或麴上自然附著的醋酸菌帶來菌種，因此發酵緩慢，生產週期較長，一般的出醋率（產生的酸度）較低，產品質量不夠穩定。

目前台灣多數的家庭或小型釀醋場，很少一開始就添加純種培養的醋酸菌，主要是不會培養和處理醋酸菌種，或對醋酸菌的認識不夠。其實選用人工培養的優良醋酸菌，只要控制好發育與發酵條件，即可生產出優質、高產量、生產週期短、口味變化多的好醋。

一般培養醋酸菌種及擴大培養醋酸菌，到正式生產的模式或方法，幾乎都是用下列方式來處理。醋酸菌液態培養法，是利用小型無菌不鏽鋼發酵槽作種子槽來培養，這是大型液態發酵槽製醋的醋母，也是現代工業化生產的趨勢。

試管（斜面）原菌

↓

試管液體菌

↓

三角瓶

↓

種子槽

↓

大型發酵槽

一般醋酸菌種子槽的培養法

1. 三角瓶震盪培養：

採用純種試管醋酸菌作菌種，將米麴汁（糖度 6 度），裝入 100ml/500ml 三角瓶，用 4 層紗布扎口，在高壓滅菌鍋中滅菌 30 分鐘，取出冷卻至 30℃ 以下，以無菌操作法加入酒精（95 度的食（藥）用酒精稀釋至 3 ～ 3.5 度）。接種後，三角瓶培養溫度為 30℃，培養時間 22 ～ 24 小時，採震盪培養或旋轉式震盪培養。

2. 種子槽通氣培養：

取酒精含量 4 ～ 5 度的酒醪，抽入種子槽內，加入的酒醪量（約佔槽體的 70 ～ 75%），高溫（80℃）滅菌，冷卻降溫至 32℃，按醋醪原料量的 10% 為接種量，接入醋酸菌種，於 30℃ 通氣培養，培養時間 22 ～ 24 小時。

品檢的指標

總酸（以醋酸計算）的測定酸度一般達 1.5 ～ 1.8 度；革蘭氏染色成陰性，無雜菌，型態正常。

製備釀造醋用的酒醪（醋醪原料）

　　天然釀造醋的前期發酵過程，主要是準備釀醋原料，也就是醋醪。在培養任何釀造醋前，須先發酵好酒精度約 3 ～ 6 度的酒醪，所以加入醋母（醋酸菌種）之前，最好先製作完成酒醪，如此可縮短釀造醋的發酵時間，也可保證醋的後期發酵過程比較不會失敗。我認為分階段培養，是初學者也是進階者培養釀造醋的最佳模式。

　　至於如何形成或取得酒精度 3 ～ 6 度的酒醪（釀醋原料），它的釀製法方式及來源相當多樣，一般常採用的方法有兩大類：

直接添加法

直接在釀醋的醋醅（釀醋的固態原料）或醋醪中，添加 3 ～ 6 度的食用級酒精（直接用 95 度食用酒精或自己釀製的白酒稀釋）。

直接發酵法

準備釀醋前，先利用各種可食用的原料發酵釀造出酒精度 3 ～ 6 度以上的醋醪。這部分又可分成兩方面處理：

1. **利用有澱粉質類的原料**：如米（大米、小米）、麥（大麥、小麥、麥片）、高粱（紅、白高粱）、地瓜（甘藷）、山藥…………等。只要原料中含有澱粉物質都算此類。澱粉質原料要先進行糖化，再進行酒化。

2. **利用糖質類及水果類原料**：如砂糖、甘蔗、蜂蜜、梅子、蘋果、葡萄………等。基本上原料本身都有糖分，只是原料糖分含量多寡的差異，可在發酵過程立即採取酒化步驟。

含有澱粉質原料的酒醪製法

1. 前處理：先將原料挑選、去雜、清洗、削皮或剝皮、切塊、浸泡處理。

2. 液化、熟化處理：可直接採用液化處理，用生料直接加酒麴的發酵方式；或先蒸、煮熟原料，使原料先糊化，再加酒麴發酵熟成以增加風味，最後再壓榨、過濾、滅菌，此為熟化處理。

3. 從糖化處理到酒化處理：加入糖化酵素或酒麴的發酵方式，詳細做法請參考先前出版的《釀酒：米酒、紅麴酒、小米酒、高粱酒、水果酒、蔬菜酒，釀造酒基礎篇》以及《釀酒2：薑酒、肉桂酒、茶酒、馬告酒、竹釀酒，蒸餾酒與浸泡酒基礎篇》。主要的基醋原料，請依照米酒或甜酒釀的做法，釀酒、醋原料要先加入約千分之5～10左右的酒麴量當作糖化發酵劑，一般室內發酵溫度控制在25～30℃，一星期左右即可達到酒精度6度以上，不過發酵時間要視發酵溫度管理而定。如果經過一星期發酵所產生的酒精度過低時，須繼續延長發酵時間，以增加酒精度；如果產生的酒精度過高時，則額外加冷開水稀釋酒精度即可。釀醋用的酒液原料盡量不要蒸餾，過濾即可使用。

釀造醋使用的酒液原料，我比較喜歡全部用釀造酒成品，從原料的處理、佈菌、發酵，一直到發酵完成，甚至熟成增加香氣，再轉作釀造醋。釀酒過程除了提高酒精度，更能幫助熟成，增加酒品的特有香氣。最後可採取壓榨（過濾）處理或不壓榨處理，再依生產需要去調整當批次的酒精度來釀醋。

以下舉米酒和高粱酒酒醪的製法做代表：

= 米酒 =
（酒醪）

熟料米酒酒醪　家庭 DIY 製法

用專用酒麴「今朝酒麴」當酒引

| 成品份量 | 12 ～ 14 度釀造米酒 900g 以上（或 40 度蒸餾米酒 600g 以上） |
| 製作所需時間 | 約 10 ～ 15 天 |

| 材料 | • 蓬萊米 1 台斤（600g）（或圓糯米 1 台斤） |

• 今朝酒麴 3g（或穀物熟料用酒麴，材料依個人需要調整，依比例放大生產量）

水 1.5 台斤（900cc）（釀醋用水要使用冷開水）

| 工具 | • 發酵罐 1 個（1800cc 櫻桃罐） |

• 封口布 1 條

• 橡皮筋 1 條

- 新鮮蓬萊米用水洗乾淨放入電鍋，加水量約為蓬萊米量的 1～1.2 倍，蒸煮（若用圓糯米則加水量改用 0.7 倍的水）。

- 浸泡好的蓬萊米蒸煮熟透。米飯要煮熟，飽滿鬆 Q 又不結塊最適中。

- 酒麴拌鬆，混勻放入佈菌罐（以方便米飯每粒均勻接觸到菌粉為原則）。將煮好的蓬萊米飯直接放在

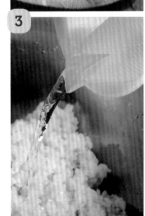

乾淨的桌上（或鋼盆中）攤平放涼。先加冷開水 200cc 調整飯粒濕度，飯粒打散成粒粒分明。

- 等到米飯降溫至 30℃，利用已裝好酒麴的佈菌罐撒菌，平均佈菌於米飯上。我習慣直接用消毒後的手去撒菌拌勻。

- 發酵用的瓶缸可先洗乾淨，再用 75 度食用酒精滅菌。

- 佈好酒麴的飯放入發酵罐中，混勻鋪平（不要壓實，但可表面刮平）。

- 將飯中間扒出一凹洞成 V 字型，方便每日觀察米飯出汁狀況及加水，也增加發酵中飯粒的透氣性。

- 用鍋蓋或另用透氣棉布（棉布越密越好）蓋罐口。

- 將瓶缸口擦拭乾淨。

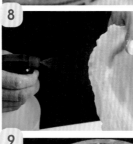

米酒
104.6.22

- 外面再用橡皮筋套緊瓶缸口，以防外物昆蟲、蟑螂爬過或侵入，要注意發酵期間保溫在 25～30℃。

- 約72 小時（3天）後，即需加水，以降低發酵中的糖度或溫度，加水量為生米重量（600g）的 1.5倍，即是 900 cc 的水。可一次加完或分批加水。第一次只加水 300 cc，先不要去攪動酒糟以免破壞菌象。隔 8 小時後再加第二次水300 cc。隔 8 小時再加

第三次水 300cc，此時可全部攪動酒醪混勻。之後全程靜置發酵，酒液澄清即可收成，取其上面清液或過濾壓榨取其過濾液（要釀醋用醋時可只加 0.5 倍冷開水發酵會更香濃）。

▪ 米酒發酵期間，夏天約為 7～9 天，冬天約為 9～15 天。冬天發酵時間需長些，夏天發酵時間太長或溫度太高，容易變酸（完成時米酒釀造酒酒精度約 14 度）。

13 釀完酒後，再調整酒精度，接入醋種做醋酸發酵。

| 注意事項 |

佈麴技巧

▪ 酒麴與飯混勻放入發酵罐，24 小時後即可觀察到飯表面及周圍會出水，此是澱粉物質被根黴菌糖化及液化現象，至發酵 72 小時已完成大部分的糖化。故此時出水的含糖度很高（糖度約達 30～35 度）。

▪ 雖然原則是第三天加水，夏天常因天氣溫度的關係，有時候第二天就要加水，一方面可降低發酵溫度，主要是稀釋發酵中過甜的糖度。

- 加水一起發酵，如果是做蒸餾酒，用乾淨的水為原則，如果是做釀造酒或是釀醋用原料，一定要用冷開水添加。加水的目的除了稀釋酒糟糖度以利酒用微生物作用外，另有降溫及避免蒸餾時燒焦的作用。加水量以原料米量的 1.5 倍為原則，加水量少在蒸餾時可能容易燒焦；加多則在蒸餾時容易浪費燃料能源。
- 酒麴如果選擇恰當及適量，則沒有霉味產生，而且發酵快、出酒率高。發酵溫度太高或太低都不適合釀酒微生物生長。溫度太高容易產生酸味，發酵期的溫度管理很重要。

風味判斷

- 好的酒醪應該有淡淡的酒香及甜度（酒醪可蒸餾時的糖度約剩下 3 ～ 5 度）。
- 裝飯容器及發酵容器一定要洗乾淨，不能有油的殘存，否則會失敗。
- 台灣米酒發酵期，常常是一個月左右才收成，主要是增加米酒香氣。建議釀米酒時，以酒醪內的酒液是否已澄清作為收成判斷。

釀醋技巧

- 如果是釀酒使用的釀醋原料，在發酵過程中只需加 0.5 倍的冷開水，成品香味一定會比加 1.5 倍水的更香濃。釀醋時，只需將釀造酒榨汁來用，不要再去做蒸餾。

生料米酒酒醪　家庭 DIY 製法

原料不須蒸煮，直接用生米原料

| 成品份量 |　11 度釀造米酒 1800g 以上
（或 40 度蒸餾米酒 600g 以上）

| 製作所需時間 |　約 15 ～ 30 天

| 材料 |
- 蓬萊米 1 台斤（600g）（用高粱、米、碎米皆可，原料顆粒太粗時，則要先加工粉碎再用）

- 生料用酒麴 5g（使用量為原料米的千分之七）

- 水 3 台斤（1800cc，發酵用水總量為原料米的 2.5 ～ 3 倍為原則，水量的多寡依當時溫度而定）

| 工具 |
- 發酵罐 1 個（1800cc 櫻桃罐）

- 封口塑膠布（袋）1 個

- 橡皮筋 1 條

- 洗淨並消毒發酵桶或罐（最多裝八分滿），再移置至發酵室中。秤取1台斤的蓬萊米（也可用碎米），用清水沖洗一下，但不可長時間沖淋，避免澱粉質流失。

- 將沖洗完的生米直接倒入已活化的酒麴發酵液（1800cc水+5g酒麴）桶中。或先把米倒入桶中，再加入5g的生料酒麴（生料酒麴的使用量為原料的千分之七）。

- 依生米重量按比例加入3台斤的清水（加清水量為生料原料的3倍，浸泡生米過久或生米吸水過多時，則可酌量減少加水量至2.5倍）。

- 加完酒麴與水後應充分攪拌均勻，使酒麴發酵液無粉狀夾心或糰塊出現。活化靜置1～2小時。

- 米與活化後的發酵液充分攪勻。然後用繩子或橡皮筋將封口布封好，先採好氧發酵1天。

6

- 第二天再用乾淨、無毒、無味的塑膠布封好桶口，以防雜物侵入，之後全程採用密閉發酵。

7

- 下缸發酵溫度應保溫在 28 ～ 35℃（配料時的用水可加溫水或冷卻水來調控溫度，但所加總水量不變）。發酵約 15 天即得生料米酒半成品。
- 釀完酒後，再調整酒精度，接入醋種 60cc 做醋酸發酵。

注意事項

發酵觀察

- 釀生料米酒，生產過程一定要採取密封發酵，在米粒崩解粉碎之前一定要每天攪拌或翻動，幫助加速米粒崩解釋放出澱粉質。
- 用生料米釀酒前一定要清洗，酒的風味才不會有雜味或異味。
- 生料發酵室的溫度控制保持在 28 ～ 35℃ 範圍。
- 投料後連續 7 天，每天徹底攪拌一次，攪拌同時觀察發酵中的米粒是否已經一捏就碎，發酵醪液的米粒及氣泡會逐漸由強減弱，滾動或翻動變緩至停止。

釀造醋的製作方法

- 逐漸發酵的酒醪液最後無氣泡產生，糟液分離現象由渾濁變清呈淡黃色。
- 如果液面無浮動的米粒、酒糟，輕輕捏即呈粉碎狀且有疏鬆感，酒香突出，醪液也清澈，且發酵時間已超過 10 天以上，即為發酵結束，可出料蒸餾酒醪。
- 在台灣一般情形下，從投料到發酵結束約 15 天左右。其實更長時間風味更好。
- 有些台灣民間釀酒者會加特砂糖來增加出酒量或風味。請務必先將外加糖度與原有的糖度總和設定在 20 ～ 25 度，將砂糖依糖度比例加水並充分攪勻成糖水，依生料發酵情況，最好在第 4 或第 5 天時加入，同時要與發酵醪攪勻，再密閉桶口發酵。

蒸餾技巧

- 生料酒麴一般半成品偏酸，甚至有些會有腥味殘留，有些酒麴供應商為了增加酒中酯的香氣會加入一些紅麴粉，造成發酵液變成桃紅色，這不是甚麼特別配方，一旦透過蒸餾出來的酒都是清澈透明。因為有紅麴協助發酵，蒸餾出來的酒，酒中的乙酸乙酯含量會較多，有淡淡的五糧液風味。
- 生料發酵蒸餾出來之酒，最好再用酒用活性炭過濾，以求得最佳酒質。

釀醋技巧

- 因生料的前段是用乾淨的水來處理，所以建議生料酒最好要蒸餾過，再降酒度來釀醋。或者不蒸餾，榨汁、滅菌過後再來釀醋。但要注意生料風味的接受度普遍較差。

RECIPE

=高粱酒=

（酒醪）

台灣半固態發酵高粱酒酒醪製法

| 成品份量 | 未蒸餾約 11 度高粱酒 900g（或蒸餾後 50 度高粱酒 300g） |
| 製作所需時間 | 1 個月 |

材料
- 紅高粱 60cc
- 生料用酒麴 5g（使用量為原料米的千分之七）
- 醋酸菌種 60cc

工具
- 發酵罐 1 個（1800cc 櫻桃罐）

- 紅高粱先經洗淨、浸泡，夏天浸泡1個晚上，冬天浸泡1天，中間最好每隔4小時換水1次。一般作法是將紅高粱洗淨就直接浸泡1天、中間換水洗淨，再以燜煮法煮（可節省能源）。

- 高粱蒸煮熟透，高粱殼需裂開（以方便高粱飯發酵時易於被糖化）。攤涼。

- 將0.7%的酒麴拌入已煮熟且已冷卻的高粱中，放入發酵罐中。酒醪不要壓緊，要鬆散，並在發酵桶上覆蓋塑膠布，盡量使發酵桶密封。

- 釀完酒後，再調整酒精度，接入醋種做醋酸發酵。

- 高粱酒一般以最先蒸餾出的酒頭、含酒精度 65 度以上的歸為大麴酒。55 ～ 60 度的為高粱酒。酒尾部分的出酒,可進行第二次蒸餾,以提高酒精度及清淨度。
- 高粱酒用的酒麴,可影響酒風味。台灣民間因高粱酒生產量少,而且運輸成本貴,較少從大陸進口或自製大麴,一些合法酒廠用的大麴,大部分都是台菸酒公司早期退休技術人員流出生產販賣的,或技術移轉,所以如果釀造高粱酒用一般米酒用的或穀類酒用的酒麴也是可行,只是因配料不同與發酵方法不同,出酒後的風味不太一樣,但都會偏屬於清香型的高粱酒,與大陸的濃香型不同。
- 如果用小麴,只添加千分之 7 ～ 10 酒麴量,如果用大麴需添加千分之 15 ～ 17,大麴的特色是用大麥、小麥、碗豆、小豆為原料自然發酵而成, 除了當發酵高粱酒菌種外, 也當釀酒原料用,所以佔了原料的 17%,足以影響風味。

釀醋技巧

- 高粱酒酒醪用於釀醋時,建議在高粱酒發酵的第三天,加入為紅高粱原料 1.5 倍的冷開水一起發酵,最後再榨汁處理,再接醋種作醋酸發酵。
- 做高粱醋,不一定要用高粱蒸餾酒當原料,直接用高粱釀造酒即可。

高粱飯的燜煮法

- 凡是帶有硬殼的穀類皆可適用此方法煮熟。例如：紅豆、綠豆、黃豆、高粱。
- 先將原料洗淨浸泡 1 天以上（若浸泡超過 1 天以上要記得換水）。
- 浸泡後的原料，如果原料量有 10 杓，則須加水 10 杓一起煮。即煮的時候，加水量為浸泡後原料的一倍量。最好先取約半倍的水量在鍋中煮滾，再加入已浸泡的原料，如此不會判斷失準，也因水煮滾，原料煮的比較均勻且不會焦鍋。
- 原料下鍋後，最好要隨時攪動避免焦鍋，等鍋中的水快要煮開煮滾時就要攪動原料，然後就蓋上鍋蓋再煮 5 分鐘熄火，採用燜的方式熟成，此時千萬不要打開鍋蓋，燜 20 ～ 30 分鐘。
- 30 分鐘後，打開鍋蓋，先徹底從鍋底往上翻炒，攪動原料，不要讓它焦鍋。再開火煮，此時要特別注意水分是否太少，要不斷翻炒攪動直到鍋中剩下的水量再次被煮開為止。再蓋上鍋蓋煮 3 ～ 5 分鐘，再次熄火燜 20 分鐘，即可達到全熟的程度，而且每粒原料皆已爆裂熟透。

高粱粗粉碎的煮法

- 利用粗粉碎機將高粱粉碎再去蒸煮，蒸煮速度較快較均勻，有一定規模的廠才可以用此法，最好有鍋爐設備。如果要用液態發酵高粱酒，可用此法直接加水煮熟放涼，再添加高粱酒麴發酵即可。

含有糖類及水果類原料的酒醪製法

1. **前處理**：原料先挑選、去雜、清洗、削剝皮、切塊、破碎、榨汁處理。

2. **先測原料的原始糖度**：先用糖度計準確測定當批水果原料，或蜂蜜原料，或糖類原料的原始糖度。釀酒的原則是 2 度的糖度原料，經發酵後可轉化成 1 度的酒精。所以在生產釀造醋時，原料控制可發酵的糖度設定在 12 度，當發酵完成時，其產出的酒精度約 6 度，最適合釀醋。

3. **酵母菌活化處理**：酵母菌的活化在食品發酵上是非常重要的一環，一方面檢視準備的酵母菌是否可用，有沒有失效，先花 30 分鐘即可觀察研判，另一方面進一步做檢測以適應生產前的準備工作。雖然有些專家主張酵母菌不一定要活化再用，但我認為最好都做活化的步驟，先多出 30 分鐘做酵母菌活化甦醒增殖，比起花 4、5 天擔心生產的酵母菌是否有活化來得好。甚至我都堅持做麵粉點心的發麵麵食時，一定要先將酵母菌加水活化，再加入其他原料混勻，讓產品內部的發酵品質較細緻。

· 活化工具：三角瓶、圓柱狀量筒、溫度計、酵母菌、砂糖。

· 活化步驟：

· 用圓柱狀量筒取酵母菌 10 倍量之 37℃ 溫開水（酵母菌量少時加水量可用 20 倍）。

· 倒入三角瓶中，加入少許的砂糖（糖度約 2～3 度）。

· 加入定量好的酵母菌。

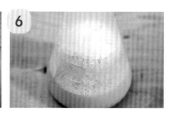

· 充分搖均勻。

· 蓋上紙張防止灰塵及小昆蟲等掉入。

· 待液體表面產生厚厚一層泡沫即活化完成。

4. 酒化處理：在發酵成酒再轉發酵成醋的習慣上，會將原料中的含糖度，用人工調節方式調整至 12 度或 25 度為原則。調整製作方法是準備（或稀釋）原料至糖度 12 度；或添加砂糖的方式補糖度至 25 度，再添加已活化好的活性酵母菌（酵母菌添加量依原料容量或重量換算約萬分之五），兩者一起發酵。發酵第一天先採好氧發酵以增加酵母菌數量，並控制好發酵溫度，第二天起採厭氧發酵，強迫酵母菌開始工作，約一星期即可完成酒精發酵。如果用蜂蜜作原料時要特別注意，因蜂蜜內的酵素含量過高又營養，最好先調整蜂蜜糖度，滅菌後再添加活性酵母菌，這樣發酵比較不受其他雜菌干擾。

以下舉白葡萄酒、蘋果酒的製作為代表：

RECIPE
─ 白葡萄酒 ─
（酒醪）

釀製法

| 成品份量 | 600cc |
| 製作所需時間 | 1 ～ 3 個月 |

 材料
- 金香葡萄 1 公斤（1000g）
  （去梗後的重量）或其他葡萄
- 砂糖 60g
- 水果酵母菌 0.5g
- 醋酸菌種 60cc

工具
- 發酵罐 1 個（1800cc 櫻桃罐）
- 塑膠封口布（袋）1 個
- 橡皮筋 1 條
- 封口布 1 條

- 去梗、去蒂、去壞果後的金香葡萄，洗淨、瀝乾，或是晾乾後備用。

- 取 0.5g 酵母菌，先活化。（活化方法請參照P.083酵母菌的活化處理）。

- 已晾乾的葡萄放入發酵罐，用手去捏碎出汁。

- 取一滴葡萄汁，用糖度折光計測糖度，再用25度減去葡萄汁所測出的糖度即為須補糖糖度，如果沒有糖度計，就大概用材料所列的砂糖量，應該誤差不大。

- 調好發酵液
  的糖度後，
  再加入已活
  化好的酵母
  菌，與葡萄
  汁攪拌均勻
  即可。

- 先用封口布
  先做好氧發
  酵 1 天，讓
  加入的酵母
  菌能大量增
  殖，第二天
  開始才做厭
  氧發酵。將
  罐口用塑膠
  布（袋）密
  封，讓酵母
  菌開始工作，
  將糖轉化成
  酒精。

▪ 如果發酵條件都正確，約 1 星期就可完成酒精發酵，如果仍繼續發酵就再等 1 星期，不要急著先過濾轉桶，等發酵完成沒有氣泡，液體有些澄清才做過濾轉桶動作（也可用塑膠袋裝冷開水將表面葡萄渣壓下發酵）。

▪ 轉桶後讓它繼續發酵熟成 1～3 個月，即可用虹吸方法，將上層澄清葡萄酒液取出裝瓶，再以 70℃、歷時 1 小時的隔水滅菌方法滅菌，讓葡萄酒不再繼續發酵，味道不再變化，最後封蓋鎖蓋。

▪ 釀完酒後，再調整酒精度，接入醋酸菌種做醋酸發酵。

- 若經濟條件許可，發酵葡萄酒或任何水果釀酒，最好用水封（發酵栓）封罐口，比用封口布的效果還好，也大量減少污染。好氧發酵時，水封內不加水，空氣仍可自由進出。厭氧發酵時，水封內再加適量的水阻隔外面空氣進入，同時發酵罐裡面的空氣會因為不斷的產氣而增加發酵罐的壓力，就會被強迫排出。

釀醋技巧

- 釀酒發酵完成後，要用作釀醋原料時，先壓榨、過濾、調整酒精度至 5 度，再接入醋酸菌，改好氧發酵往醋酸發酵方向進行。

APPLE

-蘋果酒-

（酒醪）

釀製法

| 成品份量 | 600cc |
| 製作所需時間 | 1～3 個月 |

| 材料 |
- 蘋果 1 台斤（600g）
- 砂糖 2 台兩（75g）
- 水果酒用酵母 0.5g
- 醋酸菌種 60cc

| 工具 |
- 發酵罐 1 個（1800cc 櫻桃罐）
- 塑膠封口布（袋）1 個
- 橡皮筋 1 條
- 封口布 1 條

- 將蘋果去蒂頭、削皮去蠟、再切塊（也可榨成汁，只用蘋果汁），放置於發酵罐內備用。

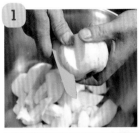

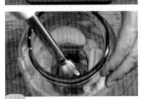

- 先用糖度計測量處理好蘋果汁的糖度，再用糖度 25 度減去測得蘋果汁的糖度，等於須需補足的糖度，換算成需加入的冰糖或砂糖量。

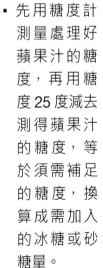

- 砂糖加水，（或用冰糖加水用小火煮融化）。糖水放冷至 35℃ 倒入發酵用罐。糖也可不必溶解直接倒入發酵罐中。

- 酒用水果活性乾酵母菌依程序活化復水備用。

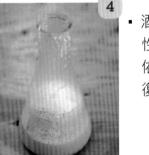

- 將活化好的酵母菌放入發酵用酒罐（或發酵用櫻桃罐）。

- 第一天先用封口棉布封口，採好氧發酵。第二天起改用塑膠封口布蓋好罐口，採厭氧發酵，外用橡皮筋套緊。

- 約 30 天後即可開封飲用。
- 釀完酒後，再調整酒精度，接入醋種做醋酸發酵。

注意事項

- 釀酒發酵完成後，要用作釀醋原料時，先壓榨、過濾、調降酒精度至 5 度，再接入醋酸菌，改好氧發酵往醋酸發酵方向進行。

各種釀造醋的生產方法

釀造醋的變化性與多元性，取決於生產原料的選擇，基本可歸納分為三大類：一是以含有澱粉質的原料，二是含有糖質的原料，三是含有酒精的原料。都是經過發酵釀造而成。而含有澱粉的原料或含糖質原料的前期發酵，都必須先完成酒精發酵，後期才能繼續進行醋酸發酵。

醋酸發酵生產技術中，不管是家庭自產自足或是工廠工業化大量生產，一般簡單的可歸納兩種生產方式：固態法與液態法。以下分享的釀醋生產模式與過程說明，雖然是較複雜的工廠生產模式，希望讓想進階的讀者有機會好好揣摩專家對釀醋生產工序前因後果的考量設計，以後可利用這些現成的生產工序思維來改進家庭釀醋的產量或時間。

固態法

又分一般傳統法及生料釀醋法。

1. 一般傳統法：

此法為中國經常採用的培養釀醋方式，一般以穀類糧食或酒糟為主，以麥麩、稻殼、粗糠為填充料，以大麴、小麴或麩麴加酒母為糖化發酵劑。先從糖化作用轉成酒精發酵後，才進入醋酸發酵。生產週期最短一個月左右，最長一年以上。成品總酸含量最低約 4.5 度（以醋酸計算），最高可達 11 度以上。

固態釀醋工藝流程如下：

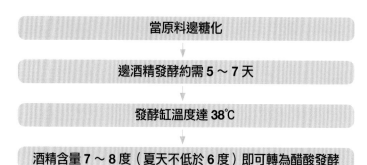

當原料邊糖化

↓

邊酒精發酵約需 5 ～ 7 天

↓

發酵缸溫度達 38℃

↓

酒精含量 7 ～ 8 度（夏天不低於 6 度）即可轉為醋酸發酵

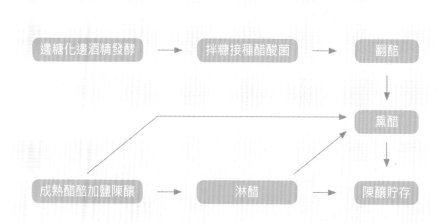

邊糖化邊酒精發酵 → 拌糠接種醋酸菌 → 翻醅

↓

熏醋

成熟醋醅加鹽陳釀 → 淋醋 → 陳釀貯存

A. 接種醋酸菌：每缸拌入粗糠 4%，醋酸菌種（或用固體成熟醋醅）3 ～ 4%。注意酒精度不要超過 8 度，否則將抑制醋酸菌繁殖，必需調整原料的澱粉含量，並控制含水量在 62 ～ 66%。

B. 翻醅：醋酸發酵的品溫應控制在 37 ～ 39℃，每天倒缸翻醅一次，可達到控溫的目的。如果降溫有困難時，可考慮下面幾種方法作改善：

· 認真翻醅：把上面高溫部分的醋醅翻到另一底缸，層層緊壓，以塑料布封缸。或加入 1% 食鹽拌勻（減緩發酵速度）。

· 調整原料配方：減少用粗糠，多用細糠及麩皮。

· 控制醋醅含水量：當水分過多時，容易沖淡酒精濃度使升溫過猛。當夏天酒度過低時，應適當增加酒醪。

· 接種成熟醋醅（固態的釀醋原料）。

· 低溫入缸。

C. 加鹽：醋酸發酵接近成熟時，醋醅溫度會自然下降到 35℃。如果酸度不再增加，甚至稍有下降趨勢時，應即時給醋醅加鹽，防止醋醅過度氧化，再後熟 2 天即可取汁。

D. 淋醋：淋醋採用三循環法。淋醋是將發酵中的醋液，從底部取出，從上頭部澆下。即成熟醋醅用二淋醋浸泡 20 ～ 24 小時，緩慢淋出的醋稱頭醋（仍屬半成品），淋過頭醋的醋渣用三淋醋浸泡，再淋出的醋叫二淋醋，淋過二淋醋的醋渣，用清水浸泡，淋出來的醋叫三淋醋，剩下的醋渣可做飼料或反覆做填充料。

E. 熏醋：取發酵成熟的醋醅（用量為 1/3），置於熏醅缸中，缸口加蓋，用文火加熱，維持 70 ～ 80℃，每隔 24 小時倒缸（換缸轉桶）一次，共熏 5 ～ 7 天。經過熏製的醋具有特殊香氣，顏色呈紅棕色、帶有光澤，酸味柔和，不澀不苦。

F. 陳釀：醋醅陳釀有兩種方法，一種是將成熟的醋醅加鹽壓實，密封，放置 15 ～ 20 天，倒醅（翻動原料）一次後再封缸，陳釀數月後再淋醋；另一種是淋醋後，醋液貯存於大缸陳釀 1 ～ 2 個月即可。

G. 配兌成品及滅菌：一般陳釀醋或新淋出的頭醋通稱半成品。除了總酸含量 5 度以上的高級食醋不須添加防腐劑之外，一般食醋再加熱時會加入 0.06 ～ 0.1% 的苯甲酸鈉防腐劑。滅菌溫度控制在 80 ～ 90℃。

2. 生料釀醋法：

此法與生料釀酒法一樣，原料不加蒸煮，直接粉碎，浸泡後進行糖化、發酵。此工藝的特點是：

- 麩皮用量大，一般為主料的 100 ～ 120%。
- 麩麴佔主料的 40 ～ 50%。
- 配料後先燜料 24 ～ 48 小時，然後攪拌均勻。
- 一週後使其品溫緩慢上升，但不超過 46℃，這樣有利於控制雜菌，也有利於酶解，以及有利於乳酸菌產酸。
- 後期使品溫緩緩下降。
- 加鹽量為主料的 10%，壓實，陳釀 1 ～ 6 個月。
- 這方法最後要經滅菌處理才是成品。

🍶 液態法

又分一般傳統法、酶法液化通風回流法、噴淋塔法、液體深層發酵法、淺層液體發酵法。。

1. 一般傳統法：

以穀物的米或釀造酒為原料的自然發酵法，多數在液體靜置下進行，少數是在液體動態下進行。生產週期最短要幾天，最長有 2 ～ 3 年，成品的總酸在 2.5 ～ 8 度。

2. 酶法液化通風回流法：

古老的固態製醋法，是即時多次倒醅，其目的主要是通風和散熱。酶法液化通風回流製醋技術，則是利用自然通風和醋汁回流代替倒醅。

傳統中國的釀醋發酵池靠近層底約 15 ～ 20 公分處，架上竹篾假底，假底上面裝釀醋原料發酵，假底下層流醋汁，並開設通風洞，讓空氣自由進出。發酵池上部裝有噴淋管，噴淋管開小孔，回流液體用泵打入噴淋管，利用液壓旋轉噴淋管，把液體均勻地淋澆醋醅面層。其操作要領如下：

A. 進池：將酒醪、麩皮、粗糠與醋酸菌種用人工或製醋機充分混合後，均勻撒入醋酸發酵池內，表面層要加大醋酸菌種的接種量，耙平，蓋上塑料布，開始發酵。進池溫度控制在 40℃ 以下，以 35 ～ 38℃ 為宜。

B. 鬆醅：表面層醋醅的醋酸菌生長繁殖較快，升溫快，約 24 小時即可升溫到 40℃，但中間醋醅溫度低，因此要進行一次鬆醅，將上層與中層醋醅盡可能疏鬆均勻，以利於醋酸發酵向縱深發展。

C. 回流：鬆醅後，每逢醋醅溫度達到 40℃ 即可回流，使醋醅降溫至 36 ～ 38℃，醋酸發酵溫度前期可達 42℃，後期為 36 ～ 38℃。如果溫度上升過快，可將通風洞全部堵住或部分堵住，達到控制和調節品溫效果。每次放出醋汁進行回流，每天一般回流 6 次，全過程共回流 120 ～ 130 次，醋醅即可成熟。回流時應注意醋汁均勻撒入，不能只集中在一點，醋酸發酵結束時，酒精含量極微，酸度也不再上升。一般需 20 ～ 25 天，冬季需要 30 ～ 40 天。

D. 加鹽：醋酸發酵結束時，醋汁酸度已達 6.5 ～ 7 度，此時加入食鹽以抑制醋酸菌活動。一般是將鹽撒在醋醅表面，用醋汁回流，使其全部回流溶解。由於大池發酵較無法封池，久放容易生熱，因此應立即回流。

E. 淋醋：淋醋仍在醋酸發酵池內進行，先開醋汁管閥門，再把二醋汁分次澆在表面層，以醋汁管收集頭醋。下面收集多少，上面即淋入多少。當醋酸含量降到 5 度時停止淋醋，以上淋出頭醋可用來配製成品。頭醋收集完畢，再從上面分次澆入三醋，下面收集二醋，最後上面加水，下面收集三醋。二醋、三醋供淋醋循環使用。

F. 滅菌及配製：生醋經過 80℃ 加溫滅菌，趁熱裝入容器並加封口，或在生醋中添加 0.5 ～ 0.8% 的食鹽及 0.2% 的氧化鈣，再經加熱滅菌可抑制雜菌繁殖。

3. 噴淋塔法：

　　噴淋塔法製醋是用稀酒液（或酒精發酵醪）為原料，在塔內噴淋或自上而下流，附著大量醋酸菌的填充料，使酒精很快氧化成醋酸。噴淋醋酸發酵法步驟如下：

A. 醋化塔一般直徑 1.5 ～ 2m，高 1.5m，填充料的玉米芯高度是 0.5 ～ 0.8m。噴淋一般採酸度與酒度之比為 2：1。酒精度過大或酸度過小易生白菌膜。如果在混合液中添加 1% 的糖化液則有利塔溫管理。

B. 注意通風。如果進風過大，塔溫增高，會跑酒跑酸。進風口處風速過大，致使缸底溫度偏低，菌膜叢生容易堵住填充料。

C. 每噴淋一次，酸度上升，酒度下降。每批醋酸成熟後即留一部分，再配新酒液繼續噴淋，開始溫度低要少噴淋，隨著溫度的升高，噴淋速度加快，待升溫至 37℃ 不再下降時，就要連續噴淋。待升溫超過 39 ～ 42℃ 就要開啟冷卻裝置。每隔 0.5 小時化驗一次酸度，一般 48 小時醋化基本完成，5.5 ～ 6.5 度的酒液可轉化為總酸 4 ～ 5 度的酸度。

D. 生醋調配好後，加入 2.5% 的食鹽，加熱消毒，貯藏 1 個月，調酸即為成品。

4. 速釀法製白醋：

　　速釀塔一般高約 2 ～ 5m，直徑約 1 ～ 1.3m，圓桶型或圓錐形，塔頂封蓋，有排氣孔，塔身由耐酸陶瓷圓形塔節組裝，內設假底，假底距塔底約 0.5m，能貯放相當數量的醋，進風管在醋液上面的塔壁上。在假底上放一竹簣墊，其上放置填充料，如木炭、玉米芯

等。塔頂上安裝噴淋管，可以自動迴轉，醋汁從木炭上流下，集積在假底下的貯存池中，下面接不鏽鋼離心泵，這樣就可以循環間歇進行醋化。其操作要領如下：

A. 配製混合液：將貯存缸中的醋液（總酸 9 ～ 9.5 度）和一定量的 50 度高度酒、酵母菌浸汁及溫水混合，使之溫度為 32 ～ 34℃，醋酸含量 7 ～ 7.2 度，酒精含量 2.2 ～ 2.5 度，酵母菌浸汁 1%，利用玻璃噴射管自發酵塔頂向下噴灑。

B. 噴淋及其操作：每天間歇噴淋 16 次，其餘時間靜置發酵，發酵期間室溫保持 28 ～ 32℃，塔內溫度 34 ～ 36℃，成熟後循環醋液從塔底流出，含酸量 9 ～ 9.5 度，除一部分泵入貯缸循環使用，其餘的抽入成品缸內，加水調到酸度 5 度或 9 度，化驗合格包裝出廠。

C. 一般每 1 公升 50 度的高度酒，可產 8 公升、酸度 5 度的白醋。

5. 液體深層發酵法：

操作要領：醋酸溫度控制在 32 ～ 35℃，一般發酵週期 65 ～ 72 小時。

液體深層製醋也可採用分割法取醋，當醋酸發酵成熟即可取三分之一醋醪，同時加入三分之一酒醪，繼續進行醋酸發酵，這樣每隔 20 ～ 22 小時可取醋 1 次，目前工廠大量生產上大部分採用此法，一般用這種方法 1 公斤大米，能釀出 6.8 ～ 6.9 公升、酸度 5 度的食醋。

但目前普遍認為液體深層發酵製醋的風味及色澤較差，可以考慮用以下改進方法：

A. 在原料配方中增加 15% 豆粕，再加入豆粕量的 15% 的麩皮，以提高氨基酸，而且可增加色澤，略帶鮮甜味。

B. 另外加入乳酸菌、酵母菌一起發酵，可提高風味。

6. 淺層液體發酵法：

以含有 3 度酒精為醪液，加入 0.5% 左右的豆腐水，接種 50% 生醋（含野生醋酸菌）。室溫淺層培養，夏季 25 天，冬季 45 天，醋酸含量一般約為 3 度左右。

也可以用連續法，即以配好的液體原料從上層流入下層的加法，不斷的流入發酵淺盤，不斷的從上層溢出管流入下層淺盤，需平穩流入淺盤，注意不要破壞淺盤液面表層的菌膜。酒精在醋酸菌膜的作用下會不斷的被氧化成醋酸，成為半成品。在台灣有人用此法連續生產蜂蜜醋，效果不錯又不佔生產空間。

液態釀造醋 DIY

液態醋醪（醋原料）的做法

1. 可取自釀或市面販賣的釀造酒（民間純水果或穀類所釀造的酒），酒精度約 9～12 度左右（釀造時酒精度要先學會自己調整，最好用沒蒸餾過的釀造酒，醋的成品及風味會較好）。

2. 釀醋原料數量依自己準備的容器的大小而定。倒入深度約 30 公分的開口容器中，並加入一倍的冷開水，攪勻，醋醪液體高度不超過 25 公分。（如果學會量酒精度，最好每批都要量測實際原料的酒精度，使酒度稀釋後能在酒精度 5 度左右，先調好酒精度再倒入發酵罐中）。

液態釀造醋的釀製方法

1. 在原料品溫 30～32℃ 左右時，倒入醋醪（釀醋原料）全液體總量十分之一的醋母（醋種）（即 1000 cc醋醪，加入 100 cc醋種）。

2. 攪拌均勻後，在溫度 30℃ 左右下採靜置發酵。上面可輕蓋蓋子，不鎖緊或直接蓋上乾淨的布，全程採用透氣好氧發酵。

3. 每天可觀察表面是否已長出菌膜（夏天約 5～7 天左右），若長出菌膜，則表示已成功將酒醪轉成醋酸發酵，釀造醋指日可待。

4. 每次觀察時，不要去攪動發酵中的表面液體，以免破壞菌象。

5. 第 15～20 天時可品嚐（或用測酸度儀器測）其發酵液酸度是否在 4g 度以上（測酸度時，非測量 PH 值，請參考 P.129 醋酸酸度的測定方法）。

6. 酸度若在 4 度以上，即可換桶（缸）陳釀，以增加其原料風味，或收成陳釀。

7. 如果要利用原發酵液繼續發酵時，採取菌液時盡量不要破壞表面菌膜，直接以吸管抽取底層發酵液，最好抽取量為桶（缸）內總量的二分之一。

8. 重新添加已稀釋好酒精度 5 度的新釀醋原料液，注入發酵桶。添加時，新釀醋原料最好不可從上面直接沖入，要用漏斗管插入液面菌膜下至液體中，將新釀醋原料注入液體底部，才可獲得下一次好的釀醋發酵效果。

液態釀造醋的注意事項

1. 可不斷重複上述方式擴大培養，繼續釀醋，直到該桶（缸）有被污染或發酵速度變慢為止，否則不須重新接新醋種。

2. 發酵的醋液轉桶時，抽取量以不超過原桶的二分之一為原則。（最多不超過 85%，即至少需留下 15% 以上的舊醋液作醋種）

3. 出廠的釀造醋須經過濾及滅菌處理（85℃，隔水加熱 35 分鐘）。好的釀造醋不允許有沉澱物，但是考慮消費者的感官，請自行斟酌是否過濾澄清。釀造醋經過澄清或過濾乾淨較不易變質。

4. 釀造醋的香味、風味需經一段時間的陳釀，才會產生出香醇的風味，短則 1 年，長則 3 年。所以要成為真正的好成品，陳釀過程是必須的。

5. 如果是營業銷售的釀造醋、浸泡醋，出廠前的各種基本調整也是必須的，例如調酸度、調糖度、調濃稠度、調顏色……等。一般市面上的水果醋酸度在 4.5 度左右，糖度在 25 度或更高，所以常看見標示上說明要用冷開水稀釋 3 ～ 6 倍才可飲用，以避免酸度太強而被嗆傷。

6. 利用蜂蜜來釀造蜂蜜醋時，最後可用蜂蜜濃漿與蜂蜜釀造醋直接調和，風味及口感都有加分效果。其他水果醋也可以用其水果濃縮汁來調整，不一定非加香料不可。

固態釀造回流淋醋 DIY

此法採酵素液態回流淋醋法。

固態醋醅的做法

　　將米或高粱浸泡蒸熟，加入酒麴發酵，另加入麥麩及填充料，或用蒸過的稻殼作為疏鬆原料，持續發酵約 10 天。

固態醋釀製方法

1. 將已發酵好的固態酒醅（含有濕度的固態原料），放入設有假底槽的木製或不鏽鋼發酵桶中繼續發酵。發酵溫度控制在 40℃ 以下，以 35 ～ 38℃ 為最適當。

2. 將醋種（接醋種量至少為原料的 2 ～ 3 度）從固態醋醅表面平均灑入，使醋種自然流入醋醅中。待 1 ～ 2 天品溫升高達 40℃ 時，即可採用回流法降溫。

3. 因表面層的醋酸菌生長繁殖快，生溫快，約 24 小時即可達 40℃，但中間醋醅卻較低，故需進行翻醅，必要時從底部打入新鮮空氣，可幫助醋酸菌加速整體發酵。

4. 因澱粉質的醋醅在發酵過程中，會將澱粉糖化成糖分，再酒化成二氧化碳、水和酒。而二氧化碳則不斷的排出，水及酒液則向下流入底層，積於底層。

5. 每日讓發酵桶的下面假底槽水龍頭開關流出積於底層的發酵液，然後澆回醋醅的表面，讓發酵醋汁自然流下，底下收多少發酵液，就全部澆回醋醅表面。

6. 每日不斷重複，每日至少回澆 6 次，以促成醋汁發酵及控制品溫不高於 38℃。

7. 到第 20 ～ 25 天時，可將第一桶收集的二分之一醋汁，倒入第二桶新的醋醪中，此法形成淋醋及接醋種步驟，因有相當的醋量，可促成加速發酵。

8. 第二桶轉倒第三桶的做法也相同。由前一桶二分之一發酵中、帶有醋種的醋汁，帶動下一桶的醋發酵。

9. 此時第一桶酒精含量降到最低，酸度不再繼續發酵時，則可按主料的 10% 加鹽抑制。

固態醋釀製的注意事項

1. 可不斷重複上述方式繼續釀醋，直到該桶有被污染或發酵速度變慢為止。否則不須重新接新醋種。（每公斤穀類原料約可生產 8 公斤醋、酸度在 5 度）

2. 發酵的醋液轉接到第二桶時，抽取量以不超過原桶液的二分之一量為原則。

3. 出廠的釀造醋須經過濾及滅菌處理（85℃，隔水加熱 35 分鐘），好的釀造醋不允許有沉澱物，但考量消費者感官因素則自行斟酌。過濾乾淨較不易變質。

4. 固態釀造醋的香味、風味雖比液態發酵醋要香濃，但仍需經一段時間的陳釀，才會產生出更多香醇的風味，陳釀時間短則 1 年，長則 3 年。所以要成為真正的好成品，陳釀的過程是必須的。

5. 如果營業銷售的釀造醋、浸泡醋，出廠前的各項調整也是必須的，例如調酸度、調糖度、調濃稠度、調顏色……等，甚至不排除加食用香料以補香氣之不足。

穀物類釀造醋操作說明（糙米、圓糯米、蓬萊米、高粱）

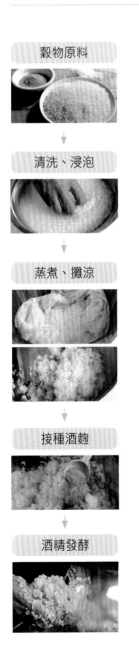

穀物原料

↓

清洗、浸泡

↓

蒸煮、攤涼

↓

接種酒麴

↓

酒精發酵

↓

壓榨

↓

澄清過濾

↓

調整原料酒精度

↓

釀醋原料滅菌

↓

接種醋酸菌

↓

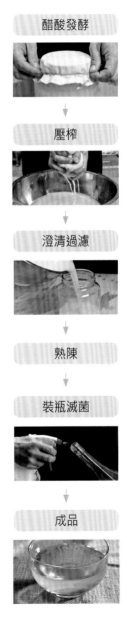

醋酸發酵

↓

壓榨

↓

澄清過濾

↓

熟陳

↓

裝瓶滅菌

↓

成品

· 流程説明：

1. 以穀物原料：選擇好的糙米（圓糯米、蓬萊米、高粱）。

2. 清洗、浸泡：先清洗、去雜物。浸泡 4 小時或一整晚。

3. 蒸煮、攤涼：務必達到飯要熟透、香 Q。降溫至 30 ～ 35℃。

4. 接種酒麴：酒麴接種量為生米量之千分之五。

5. 酒精發酵：依發酵溫度而定，一般約 7 天～ 3 個月即可。

6. 調整原料酒精度：調整至原料中平均酒精度為 5 度以上。

7. 釀醋原料滅菌：以 70℃滅 15 分鐘（也可省略原料不滅菌）。

8. 接種醋酸菌：接菌種量至少為十分之一。

9. 醋酸發酵：視環境溫度而定，一般 21 天即可完成。

10 澄清過濾：濾去菌膜及原料渣。

11. 熟陳：陳釀以增加其風味。

12. 裝瓶滅菌：注意洗瓶及乾燥瓶內的水分。滅菌溫度 85℃，維持 30 ～ 35 分鐘。

13. 成品：貼標籤。

· **操作實務要點：**

1. **選擇穀物原料**：以含有澱粉質高的穀物類較佳，如圓糯米、蓬萊米，主要取原料的風味，品種沒有限定，澱粉質越高者越佳。因醋酸釀造需先經過酒精發酵，澱粉原料糖化轉成糖度越高，需添加額外的砂糖原料就越少，對降低生產成本多有助益。須留意原料的新鮮度及飽滿度，雖然不必使用上等原料，但應盡量避免使用陳年原料，減少黴菌及雜菌污染。

2. **清洗、浸泡**：原料的清洗及適當的浸泡，在液化、糊化及發酵過程中，可達到澱粉充分轉換，產出高糖分的汁液，利於之後的酵母菌將糖分酒化成含有酒精的產物。因為事前的原料清洗會去除發酵中產生不必要的雜陳味。

3. **蒸煮、攤涼**：含澱粉質的原料通常會經過液化及糊化階段，糊化階段基本上就常用蒸煮方式達成。務必達到飯要熟透、香 Q 澱粉。因糊化關係會產生黏性，故攤涼及適量、適時加水是要注意的關鍵過程，如此才能調整出優勢的發酵濕度環境與條件，方便後續接種工作。

4. **接種酒麴**：穀物類是接酒麴菌做複式發酵，先糖化再酒化。酒麴接種量原則為生米量之千分之五。但可隨品牌的不同及天候因素，多加一些量較保險，加太多只是浪費成本，過多有時會發酵過猛，發酵的影響一般不會太多。

5. **酒精發酵**：當澱粉質原料接觸到酒麴的微生物就會開始先糖化，利用黴菌微生物將原料中的澱粉轉化成糖分，再被酵母菌利用而轉成酒精及二氧化碳。隨著發酵時間的長短，會產生酒精度高低及香氣濃淡的差別。如果發酵到最終，就會讓酒液變澄清。釀醋原料釀出的醋也會有澄清的品質。

6. 調整原料酒精度：酒精發酵後的穀類釀造酒，最終其酒精濃度一般約有 14 ～ 17 度，利用此等澱粉質的酒精原料進行醋酸釀製，常因酒精濃度過高而停滯或延長其釀造時程，而且也可能因此造成醋酸菌被抑制，影響米醋或基醋的生成，所以須將釀造酒之酒精濃度加以稀釋。可利用加熱冷卻後的軟水冷開水，直接將酒精濃度降至 3 ～ 6 度，再進行醋酸釀造。

7. 釀醋原料滅菌：釀醋原料通常指的是含有酒精的原料，釀醋前一定要先調整好原料中的酒精度。第一次釀醋原料，通常建議調到酒精度 5 度，釀醋完成時酸度約在 4.5 度。第二次用複製的方式擴大培養時，千萬要注意我建議的原料酒精度仍要維持總平均酒精度 5 度，因為原來原料中存在的酒精度已轉換成醋酸，等於原料中含有的酒精度已完全降低或者已無酒精度。所以如果再用原醋菌液 1：新醋原料 1 的比例份量去擴大複製時，新添加的原料酒精度必須是 10 度，混合溶合後產生平均 5 度左右的酒精原料。以此類推擴大培養。如果擔心原料中存在著會影響醋酸發酵的雜菌，可以先將釀醋新原料殺菌，以 70℃ 滅 15 分鐘。不考慮用高溫滅菌，主要原因是酒精（乙醇）的沸點是 78.4 度，只用 70 度溫度滅菌時，原料中的酒精不會揮發掉，不過因為殺菌溫度不夠高，所以要拉長滅菌時間，這階段的釀醋原料滅菌只是要殺掉大部分的活菌，滅菌時間才用 15 分鐘，所以在實務上釀醋原料也可以不滅菌，可省略這個步驟。但蜂蜜原料一定要滅菌，才不會干擾發酵。

8. 醋酸發酵：醋酸發酵時仍以接種純粹培養的醋酸菌為主，接種量約為原料量的十分之一。醋酸發酵條件有別於酒精發酵者，在於酒精發酵階段是屬厭氣發酵，而醋酸的生成則需有大量氧氣參與氧化，才能使

醋酸菌順利將酒精氧化成醋酸。釀造醋工程因此可分靜置法、通氣法等等。家庭自釀大都以靜置法為主，可將調整酒精濃度後的穀物酒接入醋酸種菌，用廣口桶或不鏽鋼淺盤分裝，盤面再以透氣材料包覆阻隔果蠅和灰塵。而環境溫度及液面高會對醋酸生成影響，通常以35℃發酵時的產酸速率較快，但產品的色澤及風味不佳；使用25℃發酵時則產酸速率緩慢，所以建議仍以30℃為宜。由於醋酸菌是屬好氧性菌，所以進行靜置發酵時，液體表面積大小極具關鍵性，液面高口徑越小者產酸較慢，液面寬廣者（接觸表面積越大）產酸越快，為兼顧產酸及空間利用，建議可以採取液高5～7.5公分寬廣的面積來進行醋酸發酵。穀物醋之釀造，除了靜置法外，也可以採用發酵槽通氣進行培養，重點仍在如何增加穀物酒轉成醋酸發酵過程中的含氣量，可在槽內舖設具有孔洞之填充床，來增加基質及醋酸菌與空氣接觸的機會，或以循環噴淋的方式改善。如果單純的通氣以及使發酵醋醪液循環，可能很難有效增加穀物酒液內的含氧量。

9. **壓榨**：醋酸發酵之時程約20～30天，其醋酸量可達6～7度。此時可利用壓榨設備榨出穀物醋，不過要繼續進行下一批醋酸釀造時，至少須留約三分之一量的原來穀物醋，以供下批當種醋備用。

10. **澄清過濾**：壓榨後，穀物醋內因仍含有菌體及較大顆粒渣，所以需要經過澄清過濾。可以用自然靜置澄清方式，促使雜質沉澱後，再利用薄膜過濾設備或以高速離心法將菌體及細顆粒加以去除。如果穀物醋不經過澄清過濾，則產品經過存放後會呈現混濁狀，賣相較差。

11. **調整糖酸色**：主要讓成品更完美，可利用砂糖、果糖、麥芽糖或蜂蜜，調整穀物醋的糖度、酸度及色澤，依產品性適當調配。

12. 成品殺菌：將調整糖度和酸度好的穀物醋，分裝至清洗消毒乾燥過的玻璃瓶內，輕蓋瓶蓋，千萬不可鎖緊。利用沸水浴進行殺菌時，當瓶內液溫達 85℃ 後，維持 30 ～ 35 分鐘，最後再旋緊瓶蓋任其自然冷卻。這個步驟兼具瓶蓋殺菌效果，所以不可省略，殺菌完的穀物醋即可黏貼瓶標籤並於室溫貯存。

13. 結語：穀物醋發酵製程的各步驟細節繁瑣，總言之需具備衛生安全的管理概念。穀物醋釀造是以含有澱粉質的穀物為原料，經清洗、浸泡、液化、蒸煮糊化、攤涼，再加入適量酒麴當酒的發酵菌種，於室溫發酵 7 天～ 3 個月釀成穀物酒，然後將釀造的酒精稀釋調整為酒精度 5 度，再接入純醋酸菌種，在溫度 30℃ 下靜置或通氣培養 20 ～ 30 天，再經壓榨、澄清過濾、調整糖酸及殺菌後即成穀物釀造醋。

水果類釀造醋操作說明

水果原料

↓

清洗去雜

↓

破碎榨汁

↓

原料測糖度

↓

原料調糖度

↓

接種酵母菌

↓

酒精發酵

↓

壓榨過濾

↓

釀醋原料滅菌

接種醋酸菌

↓

醋酸發酵

↓

壓榨過濾

↓

澄清熟陳

裝瓶滅菌

↓

成品

釀造醋的製作方法

· 流程說明：

1. 水果原料：選擇好的、成熟又有香氣的水果。

2. 清洗去雜：先清洗、去梗、去皮、去水分瀝乾晾乾。

3. 破碎榨汁：用果汁機、破碎機或手工捏碎。

4. 原料調糖度：將原料中糖度調整至 12 度，發酵終了可產酒精度約 6 度。

5. 釀酒原料滅菌：以 70℃ 滅 15 分鐘（也可省略原料不滅菌）。

6. 接種酵母菌：接酵母菌種的量為水果原料的萬分之五，乾燥酵母菌須先進行活化。

7. 酒精發酵：依發酵溫度而定，一般約 3 ～ 21 天即可。

8. 釀醋原料滅菌：以 70℃ 滅 15 分鐘（亦可省略原料不滅菌）。

9. 接種醋酸菌：接醋酸菌種的量為十分之一。

10. 醋酸發酵：視環境溫度而定，一般 21 天即可完成。

11. 壓榨過濾：濾去菌膜及原料渣。

12. 澄清熟陳：澄清讓液體清澈，陳釀以增加其風味。

13. 裝瓶滅菌：注意洗瓶及乾燥瓶內水分。滅菌溫度 85℃，維持 30 ～ 35 分鐘。

14. 成品：貼標籤。

· 操作實務要點：

1. **選擇水果原料**：以成熟又有香氣的水果較佳，最好有八分熟度，主要取水果熟成的芳香風味，品種沒有限定，糖度越高者越佳。因醋酸釀造需先經過酒精發酵，原料糖度越高，需添加的砂糖越少，對降低生產成本多有助益。須留意原料的新鮮度，雖然不必使用上等水果原料，但應盡量避免使用腐爛原料，縱使原料有瑕疵，在清洗篩選或破碎過程中也須盡可能去除。

2. **清洗去雜、破碎榨汁**：有瑕疵的水果原料須篩選、切除、整形、去除腐損部分，以降低帶入雜菌污染，並避免腐損果肉影響發酵風味。經篩選後的水果可利用機械（破碎機）或人工方式加以破碎，使果肉與種子分離，並將果肉搗成漿泥便於發酵快速又均勻。

3. **調整原料糖度**：由於醋酸釀造前須先經過酒精發酵，一般成熟水果之糖度約為 13 ～ 16 度，作為酒精發酵原料時，其糖度仍嫌不足，因此常需補充糖質。至於糖度應增加到何種程度，除考慮其酒精轉換率之外，也須考量滲透壓對酵母菌發酵力的影響。一般建議不超過 25 度為宜。在進行發酵時，除糖分外，也可添加一些微量元素磷酸鹽及維生素，補充酵母菌生長所需之營養。

4. **接入水果酵母菌進行酒精發酵**：調整糖度後的水果汁液，可以採用大的陶甕、玻璃瓶或不鏽鋼容器盛裝，裝填量不超過容器總容量的八分滿為宜，原因是為了避免酒精發酵時，因二氧化碳產生而將水果汁液溢出。進行酒精發酵時，為確保品質及有效掌控製程，以接種純粹培養之活性水果酵母菌較佳，其接種量約原料量的萬分之五（0.05％）。一定要先活化乾燥酵母菌再用。而發酵溫度不超過 30℃，經 3 ～ 7

天後，可得酒精度 5 度以上的水果酒汁。發酵時尤其須要注意溫度不可過高，如果使用容器較大散熱不易，則須有冷卻系統或攪拌設備。

5. **調整釀醋原料的酒精度**：酒精發酵後釀好的水果酒，最終其酒精濃度一般約有 11～13 度，利用此等水果汁進行醋酸釀製，常因酒精濃度過高而延長或停滯其釀造時程，而且也可能因此造成醋酸菌被抑制或停滯，影響水果醋之生成，所以須將過高的水果酒之酒精濃度加以稀釋。可利用加熱冷卻後之軟水、冷開水，或直接加入新鮮水果汁將酒精濃度降至 3～6 度，再進行醋酸釀造。

6. **醋酸發酵**：醋酸釀造時仍以接種純粹培養之醋酸菌為主，接種量約為原料量之十分之一。醋酸釀造條件有別於酒精發酵者，在於酒精發酵階段是屬厭氣發酵，而醋酸之生成則需有氧氣參與，才能使醋酸菌順利將酒精氧化成醋酸。釀造醋工程因此可分靜置法、通氣法等等。以靜置法為例，可將調整酒精濃度後的水果酒，接入醋酸種菌後，以廣口桶或不鏽鋼淺盤分裝，盤面再以透氣材料包覆阻隔果蠅和灰塵。而溫度及液面高會對醋酸生成影響，以 35℃ 發酵時的產酸速率較快，但產品的色澤及風味不佳，使用 25℃ 發酵時則產酸速率緩慢，所以建議仍以 30℃ 為宜；由於醋酸菌是屬好氧性菌，所以進行靜置發酵時，液面表面積大小極具關鍵性，液面高、瓶口口徑越小者產酸較慢，液面寬廣者（接觸表面積越大）則產酸越快，為兼顧產酸及空間利用，則建議可以採取液高 5～7.5 公分寬廣面積的玻璃瓶來進行醋酸發酵。水果醋之釀造，除了靜置法外，也可以採用發酵槽通氣來進行培養，重點仍在如何增加水果酒發酵過程接觸氧氣的含氣量，可在槽內舖設具有孔洞之填充床來增加基質及醋酸菌與空氣接觸的機會，或以循環噴的方式改善。如果單純的通氣以及使發酵醋醪液循環，可能很難有效增加水果酒液內的含氧量。

7. **壓榨**：醋酸釀造之時程約 20 ～ 30 天，其醋酸量可達 6 ～ 7 度。此時可利用壓榨設備榨出水果醋，不過要繼續進行下一批醋酸釀造時，至少須留約三分之一量的水果醋供下批醋種備用。

8. **澄清過濾**：壓榨後，水果醋內因仍含有果膠質、菌體及較大顆粒，所以需要經過澄清過濾。可以添加果膠分解酵素，在 50 ～ 55℃ 下作用 1 ～ 2 個小時後，放置於 4 ～ 7℃ 的冷藏室過夜，促使凝聚沉澱後，再利用薄膜過濾設備或以高速離心法將凝聚之果膠質、菌體及粗顆粒加以去除。如果水果醋不經過澄清過濾，則產品經過存放後會呈現混濁狀，賣相較差。

9. **調整成品糖酸色**：可利用砂糖、果糖、麥芽糖或蜂蜜，調整水果醋的糖度、酸度及色澤，依產品性適當調配。

10. **裝瓶殺菌**：將調整糖度和酸度後的水果醋，分裝至清洗消毒過的玻璃瓶內，輕蓋瓶蓋，千萬不可鎖緊。利用沸水浴進行殺菌時，當瓶內液溫達 85℃ 後，維持 30 ～ 35 分鐘，最後再旋緊瓶蓋任其自然冷卻。這個步驟兼具瓶蓋殺菌效果，所以不可省略，殺菌完的水果醋即可黏貼標籤並於室溫貯存。

11. **結語**：水果醋各步驟細節雖繁瑣，總言之需具備衛生安全的管理概念。水果醋釀造是以黃熟水果為原料，經清洗、篩選去雜、破碎後，調整糖度至 12 度或 22 ～ 25 度，再接純酵母菌種，於室溫發酵 7 ～ 21 天釀成水果酒，然後將水果發酵酒液的酒精度稀釋調整為 5 度，再接入純醋酸菌種，在 30℃ 下靜置或通氣培養 20 ～ 30 天，經壓榨、澄清過濾、調整糖酸及殺菌後即成水果釀造醋。

成品醋醪如何過濾澄清處理？

成品醋的過濾可先用濾網粗過濾，再用硅藻土過濾機做細過濾。也可以用過濾膜過濾。過濾設備最好用耐酸鹼材質的產品。使用過濾膜要注意孔目大小要適中，如果家庭 DIY 則可用豆漿過濾袋過濾雜質，或自然沉澱後再換桶過濾澄清。

- 用食用酒精噴乾淨的過濾袋殺菌。

- 將過濾袋置於適當的鋼盆容器中。

- 將要處理的過濾液倒入過濾袋中。

- 從過濾袋中流出的自流液，收集到入儲存桶。

- 過濾袋中只會剩下少量的過濾渣。

- 提起或綁住過濾袋口，準備用手用力擠壓過濾。

- 也可用不銹鋼濾板做底部隔層，用上面加壓重物方式過濾。

- 加壓重物也要噴食用酒精消毒避免污染。

- 利用隨手可取得的重物壓榨過濾。

成品如何有效滅菌？

　　成品最好要用隔水滅菌的方式滅菌，風味較不會改變。最好是裝瓶後，連玻璃瓶及蓋一起滅菌，成品滅菌會較完整。滅菌時記得瓶蓋不可以密蓋瓶口，可採取瓶內溫度加熱至 70℃，並維持溫度 70℃，持續滅菌 1 小時。也有人採取加熱到 85℃，持續滅菌 35 分鐘。如果是鋁蓋，可將鋁蓋丟入鍋中一起滅菌，如果是塑膠蓋則無法加熱滅菌，可用酒精浸泡瓶蓋滅菌法。加熱滅菌溫度不可太高，太高會改變風味。直火滅菌與隔水滅菌方式出現的風味會不同。

裝瓶、裝罐的注意事項

任何瓶子，不管是新瓶或舊瓶，一定要先沖洗乾淨，瀝乾再用。滅菌後一定要趁熱鎖蓋。至少要先蓋上瓶蓋鎖緊，然後再密閉旋牙帽或加上收縮膜防偽。

- 用食用酒精先將濾管消毒滅菌

- 用酒精消毒瓶身後，倒出多餘的酒精

- 將濾管內的不鏽鋼線彎折至適當的高度

- 可用虎口握住濾管形成外環圈

- 以口就手吸氣，將瓶內空氣吸出，醋液就會被導入，嘴巴完全沒有碰到瓶口

- 用酒精消毒瓶蓋

- 利用 1000 瓦 (W) 的家用吹風機，以熱風吹收縮膜

- 利用轉瓶身完成收縮防偽

釀醋中常用的
成分檢測方法

酒 精 度 的 測 定 法

醋醪是蒸餾酒（白酒）的酒精測定法

1. 先取欲測的醋醪蒸餾酒液 100ml，裝至量筒。

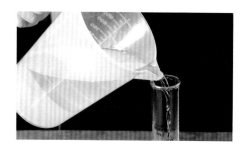

2. 以溫度計測出欲測的醋醪蒸餾酒液的溫度，並記錄下來。

溫度計

3. 將適當濃度範圍的酒精垂度計放入欲測的酒液，同時轉動酒精垂度計甩開多餘的水，等酒精垂度計停止不動時，即可記錄與酒液平面之酒精垂度計刻度。

酒精垂度計

4. 然後以此兩數據查「酒精度與溫度校正表」(參考 P.126 圖表) 換算出正確的酒精度。

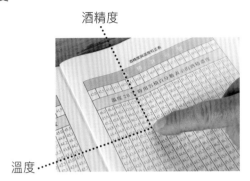

酒精度

溫度

5. 查表時，先對照上面所測出的酒精度，然後再對照左邊所測出的酒溫度，對照出橫軸與縱軸交叉的數字，即為真正的酒精度。

醋醪是釀造酒（果、蔬酒、有顏色的酒）的酒精測定法

1. 先取欲測的醋醪釀造蔬果酒液 100ml。

2. 利用實驗室蒸餾器，將 100ml 釀造蔬果酒液另加 100ml 蒸餾水一起蒸餾，蒸餾後並收集前段 100 ml 酒液，若收集在 95ml 以上而未達 100ml 時，可再加蒸餾水，將冷凝管底端的殘液洗至接收瓶，補足至 100ml，

以 100ml 酒液倒入量筒中測酒精度

徹底混勻，將蒸出液倒入量筒中。起泡性大的蔬果酒液可加 1 滴消泡劑。

3. 以溫度計測出欲測酒液當時的溫度，並記錄下來。

與酒液平面同高的垂度計刻度即酒精度

4. 將適當濃度範圍的酒精垂度計放入欲測的酒液中，同時轉動酒精垂度計甩開多餘的水，等酒精垂度計停止不動時，即可記錄與酒液平面之酒精垂度計刻度。

5. 然後以此兩數據查「酒精度與溫度校正表」（參考 P.126 圖表）換算出正確的酒精度。

6. 查表時，先對照上面所測出的酒精度，然後再對照左邊所測出的酒溫度，對照出橫軸與縱軸交叉的數字，即為真正的酒精度。

〈注意事項〉

1. 操作前要檢查蒸餾器各玻璃器材連接處（尤其是冷凝管處）是否緊密。

2. 接收瓶可置於水浴中，冷凝管之冷凝力要足夠讓酒液冷卻。

3. 當揮發性酸度超過 0.1 度，SO_2 含量高於 200mg/L，會干擾此法，故必須先將預備測的樣品酒液中和，再行蒸餾。

4. 使用的酒精計，檢查是否為 20℃ 規格用及量筒等器具均須保持乾淨。

釀醋中常用的成分檢測方法

酒精度與溫度校正表

溶液溫度(℃)	酒精計示值															
	0	0.5	1.0	1.5	2.0	2.5	3.0	3.5	4.0	4.5	5.0	5.5	6.0	6.5	7.0	7.5
	溫度20℃時用容積百分數表示的酒精濃度															
10	0.8	1.3	1.8	2.4	2.9	3.4	3.9	4.4	5.0	5.5	6.0	6.5	7.1	7.6	8.2	8.7
11	0.8	1.3	1.8	2.3	2.8	3.3	3.9	4.4	4.9	5.4	6.0	6.5	7.0	7.6	8.1	8.6
12	0.7	1.2	1.7	2.2	2.8	3.3	3.8	4.3	4.8	5.4	5.9	6.4	6.9	7.5	8.0	8.5
13	0.7	1.2	1.7	2.2	2.7	3.2	3.7	4.2	4.8	5.3	5.8	6.3	6.8	7.4	7.9	8.4
14	0.6	1.1	1.6	2.1	2.6	3.1	3.6	4.2	4.7	5.2	5.7	6.2	6.7	7.3	7.8	8.3
15	0.5	1.0	1.5	2.0	2.5	3.0	3.6	4.1	4.6	5.1	5.6	6.1	6.6	7.2	7.7	8.2
16	0.4	0.9	1.4	1.9	2.4	2.9	3.4	4.0	4.5	5.0	5.5	6.0	6.5	7.0	7.6	8.1
17	0.3	0.8	1.3	1.8	2.3	2.8	3.4	3.9	4.4	4.9	5.4	5.9	6.4	6.9	7.4	8.0
18	0.2	0.7	1.2	1.7	2.2	2.7	3.2	3.7	4.2	4.8	5.3	5.8	6.2	6.8	7.3	7.8
19	0.1	0.6	1.1	1.6	2.1	2.6	3.1	3.6	4.1	4.6	5.2	5.6	6.1	6.6	7.2	7.6
20	0.0	0.5	1.0	1.5	2.0	2.5	3.0	3.5	4.0	4.5	5.0	5.5	6.0	6.5	7.0	7.5
21		0.4	0.9	1.4	1.9	2.4	2.9	3.4	3.9	4.4	4.8	5.4	5.8	6.3	6.8	7.3
22		0.2	0.7	1.2	1.7	2.2	2.7	3.2	3.7	4.2	4.7	5.2	5.7	6.2	6.7	7.2
23		0.1	0.6	1.1	1.6	2.1	2.6	3.1	3.6	4.1	4.6	5.0	5.5	6.1	6.6	7.0
24		0.0	0.4	0.9	1.4	1.9	2.4	2.9	3.4	3.9	4.4	4.9	5.4	5.8	6.3	6.8
25			0.3	0.8	1.3	1.8	2.2	2.8	3.2	3.7	4.2	4.7	5.2	5.7	6.2	6.6
26			0.1	0.6	1.1	1.6	2.1	2.6	3.1	3.6	4.0	4.5	5.0	5.5	6.0	6.4
27			0.0	0.4	1.0	1.4	1.9	2.4	2.9	3.4	3.9	4.3	4.8	5.3	5.8	6.3
28				0.3	0.8	1.3	1.7	2.2	2.7	3.2	3.7	4.2	4.6	5.1	5.6	6.1
29				0.2	0.6	1.1	1.6	2.1	2.5	3.0	3.6	4.0	4.4	4.9	5.4	5.8
30				0.1	0.4	0.9	1.4	1.9	2.4	2.8	3.3	3.8	4.2	4.7	5.2	5.6
31					0.2	0.7	1.2	1.7	2.2	2.6	3.1	3.6	4.0	4.5	5.0	5.4
32					0.1	0.6	1.1	1.6	2.1	2.6	3.0	3.4	3.8	4.3	4.8	5.2
33							0.9	1.4	1.9	2.4	2.8	3.2	3.7	4.2	4.7	5.1
34							0.8	1.3	1.8	2.2	2.6	3.0	3.5	4.0	4.5	4.9
35							0.6	1.1	1.6	2.0	2.4	2.8	3.3	3.8	4.3	4.9

溶液溫度(℃)	酒精計示值																	
	8.0	8.5	9.0	9.5	10.0	10.5	11.0	11.5	12.0	12.5	13.0	13.5	14.0	14.5	15.0	15.5	16.0	16.5
	溫度20℃時用容積百分數表示的酒精濃度																	
10	9.3	9.8	10.3	10.9	11.4	12.0	12.6	13.1	13.7	14.3	14.9	15.4	16.0	16.6	17.2	17.8	18.4	19.0
11	9.2	9.7	10.2	10.8	11.3	11.9	12.4	13.0	13.6	14.1	14.7	15.3	15.8	16.4	17.0	17.6	18.2	18.8
12	9.1	9.6	10.1	10.7	11.2	11.8	12.3	12.8	13.4	14.0	14.5	15.1	15.7	16.2	16.8	17.4	18.0	18.5
13	9.0	9.5	10.0	10.6	11.1	11.6	12.2	12.7	13.2	13.8	14.4	14.9	15.5	16.0	16.6	17.2	17.7	18.3
14	8.9	9.4	9.9	10.4	11.0	11.5	12.0	12.5	13.1	13.6	14.2	14.7	15.3	15.8	16.4	16.9	17.5	18.0
15	8.8	9.3	9.8	10.3	10.8	11.3	11.9	12.4	12.9	13.5	14.0	14.5	15.1	15.6	16.2	16.7	17.2	17.8
16	8.6	9.1	9.6	10.2	10.7	11.2	11.7	12.2	12.8	13.3	13.8	14.3	14.9	15.4	15.9	16.5	17.0	17.5
17	8.5	9.0	9.5	10.0	10.5	11.0	11.5	12.1	12.6	13.1	13.6	14.1	14.7	15.2	15.7	16.2	16.8	17.3
18	8.3	8.9	9.3	9.8	10.4	10.9	11.4	11.9	12.4	12.9	13.4	13.9	14.4	15.0	15.5	16.0	16.5	17.0
19	8.2	8.7	9.2	9.7	10.2	10.7	11.2	11.7	12.2	12.7	13.2	13.7	14.2	14.7	15.2	15.8	16.3	16.8
20	8.0	8.5	9.0	9.5	10.0	10.5	11.0	11.5	12.0	12.5	13.0	13.5	14.0	14.5	15.0	15.5	16.0	16.5
21	7.8	8.3	8.8	9.3	9.8	10.3	10.8	11.3	11.8	12.3	12.8	13.3	13.8	14.3	14.8	15.2	15.7	16.2
22	7.7	8.2	8.6	9.1	9.6	10.1	10.6	11.1	11.6	12.6	13.1	13.6	14.0	14.5	15.0	15.5	16.0
23	7.5	8.0	8.4	8.0	9.4	9.9	10.4	10.9	11.4	11.8	12.3	12.8	13.3	13.8	14.3	14.7	15.2	15.7
24	7.3	7.8	8.3	8.8	9.2	9.7	10.2	10.7	11.2	11.6	12.1	12.6	13.1	13.5	14.0	14.5	15.0	15.4
25	7.1	7.6	8.1	8.6	9.0	9.5	10.0	10.4	11.4	11.9	12.4	12.8	13.3	13.8	14.2	14.7	15.2
26	6.9	7.4	7.9	8.3	8.8	9.3	9.8	10.2	10.7	11.2	11.7	12.1	12.6	13.0	13.5	14.0	14.4	14.9
27	6.7	7.2	7.7	8.1	8.6	9.1	9.5	10.0	10.5	10.9	11.4	11.9	12.3	12.8	13.2	13.7	14.2	14.6
28	6.5	7.0	7.5	7.9	8.4	8.9	9.3	9.8	10.3	10.7	11.2	11.6	12.1	12.6	13.0	13.4	13.9	14.4
29	6.3	6.8	7.2	7.7	8.2	8.6	9.1	9.5	10.0	10.5	10.9	11.4	11.8	12.3	12.7	13.2	13.6	14.1
30	6.1	6.6	7.0	7.5	7.9	8.4	8.9	9.3	9.8	10.2	10.7	11.1	11.6	12.0	12.5	12.9	13.4	13.8
31	5.0	6.4	6.8	7.2	7.7	8.2	8.7	9.2	9.6	10.0	10.5	11.0	11.4	11.8	12.2	12.6	13.1	13.5
32	5.7	6.2	6.6	7.0	7.5	8.0	8.5	9.0	9.4	9.8	10.2	10.6	11.0	11.6	12.0	12.4	12.9	13.2
33	5.5	6.0	6.4	6.8	7.3	7.8	8.3	8.7	9.1	9.6	10.0	10.4	10.9	11.4	11.8	13.2	12.6	13.0
34	5.3	5.8	6.2	6.6	7.1	7.6	8.1	8.5	8.9	9.4	9.8	10.2	10.6	11.0	11.5	12.0	12.4	12.8
35	5.2	5.6	6.0	6.4	6.8	7.4	7.9	8.3	8.7	9.2	9.6	10.0	10.4	10.8	11.2	11.6	12.1	12.4

〈註〉全部的「酒精度與溫度校正表」見《釀酒》P334 ～ 345 頁

糖度的測定法

1. 可利用測酒精度蒸餾後蒸餾器內剩下的 100ml 為樣品，放涼後，使用玻璃垂度計或精密的曲折計 (糖度計) 測糖度，即可得到真正糖度。其實真正準確的糖度仍須用當時的溫度來換算，誤差極小，所以可忽略。

2. 利用糖度曲折計測量方法：先取 1 滴蒸餾水放置於糖度曲折計樣品槽中，先觀察糖度刻度是否歸零，若刻度不為零的位置，則旋轉上方旋扭，調整歸零，即完成糖度計歸零。將需測的樣品，滴 1 滴至樣品槽，讀取數值，即為該樣品的糖度。注意樣品槽的上蓋蓋下來時，樣品液要均勻無空氣，不要產生氣泡，否則會影響數值。有氣泡產生時要重新滴樣品，或重蓋蓋子。

 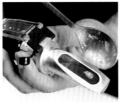  

3. 在有糖的液體中，如果同時含有酒精時，所測的糖度會因為有酒精的干擾而無法準確。市面上便宜的玻璃糖度計，主要是用來測砂糖的糖度，如果用來測水果糖分會產生較大的誤差。

醋酸酸度的測定法

〈原理〉

食醋中主要含有醋酸，因而可以利用氫氧化鈉（NaOH）滴定，以酚酞為指示劑。

$$CH_3COOH + NaOH \longrightarrow CH_3COONa + H_2O$$

〈試劑與儀器〉

0.1 mol/L NaOH 標準溶液 1 瓶

1% 酚酞指示劑 1 瓶

1 ml 玻璃吸管或用針筒替代 1 支

100 ml 量筒 1 支

250 ml 三角瓶 1 個

10ml 玻璃滴定管 2 支

〈操作方法〉

· **台灣的酸度測定法：**

1. 量取蒸餾水，定量 95ml，倒入 250ml 的三角瓶中。

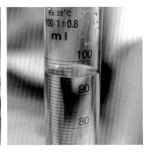

2. 精確吸取醋樣 5ml，注入三角瓶中。

3. 吸取 1% 酚酞指示劑 3 ～ 4 滴，注入三角瓶中，搖均勻。

4. 陸續加入 0.1mol/L 氫氧化鈉溶液，滴至剛呈微紅色，記錄滴下的 cc 數，搖晃均勻至液體顏色不再消失即停止。

5. 記下耗用的 0.1mol/L NaOH 標準溶液毫升數（V）。

· **中國的酸度測定法：**

1. 精確吸取醋樣 1ml 於 250ml 三角瓶中。

2. 加入蒸餾水 50ml 和 1% 酚酞指示劑 3 ～ 4 滴。

3. 用 0.1mol/L 氫氧化鈉溶液滴至剛呈微紅色。

4. 記下耗用的 0.1mol/L NaOH 標準溶液毫升數（V）。

〈計算〉

〈標準算法〉

總酸含量（g/100ml）（以醋酸計）＝ V×C×0.06÷V_1×100

   V — 耗用 0.1mol/L NaOH 標準溶液的體積（ml）
   C — NaOH 濃度（mol/L）
0.06 — 醋酸的毫摩質量（g/mol）
   V_1 — 吸取醋樣體積（ml）

〈簡易算法〉

耗用 0.1N 氫氧化鈉 cc 數 × 0.12 ＝ 酸度

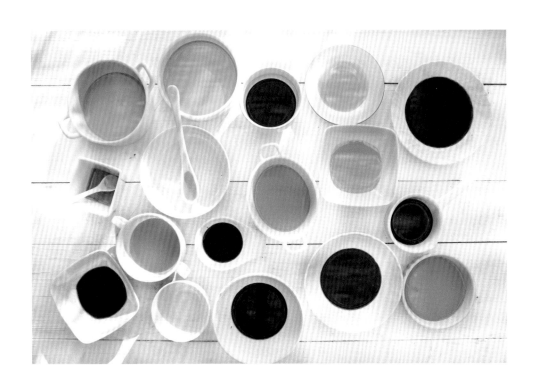

釀造醋培養過程的
異常及解決方法

消毒、殺菌用 75 度酒精的調配

酒精殺滅微生物最有效的濃度是 75 度

在釀造醋、釀造酒或其他發酵製品的生產過程中，不管是使用器材的消毒，場地環境的消毒，或是釀醋、釀酒、釀造製品的表面出現污染時，都能立刻用 75 度食用酒精進行消毒。

進行表面噴灑只是很容易將多數雜菌殺死，不必擔心會同時將醋酸菌殺死。每次污染要清理滅菌時，最好連續 3 天重複清潔消毒。只要 75 度酒精的酒精殘留劑量不會太高，反而能成為表面醋酸菌的額外營養源，因為醋酸菌耐酒精度可達 9 度以上，噴灑的酒精一旦溶於醋醪中，會被醋醪稀釋成營養源，所以 75 度酒精是釀醋過程中很好的幫手。

如何調製 75 度食用酒精？

1. 可至藥局或藥妝店購買市售 95 度的藥用酒精或食用酒精。
2. 自己調整成 75 度的酒精比例是：先抽取 75 cc 的藥用酒精或食用酒精，倒入 100ml 的量筒中。
3. 再加蒸餾水或純水 20 cc。
4. 調整容量到 95 cc，混勻，就是 75 度的酒精。
5. 以此類推調製所需的量即可。例如：1 瓶 500cc 台菸酒公司出品的優質酒精，加入 133cc 的蒸餾水調勻，即為 633cc 的 75 度酒精。
6. 千萬不要為了省錢，用蒸餾時去酒頭的高度甲醇來當 75 度酒精。

正常的醋膜

透明醋膜

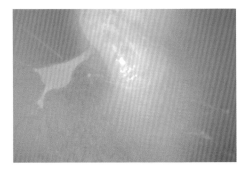

透明醋膜

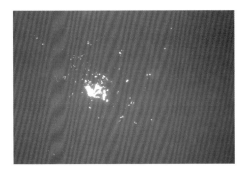

半透明醋膜

半透明醋膜

醋膜

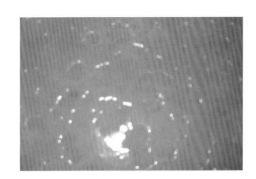

醋膜

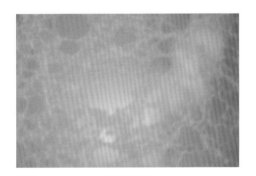

網狀醋膜

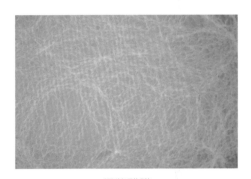

網狀醋膜

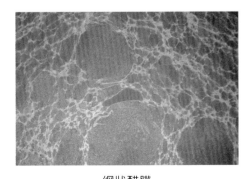

網狀醋膜

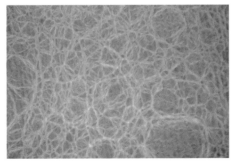

網狀醋膜

釀造醋培養過程的異常及解決方法

醋污染有時會形成看似正常的醋長絲狀物，實際上表面有白色污染物。

醋污染通常會形成表面全部污染，也常因發酵溫度過高而表面薄膜顏色偏紅。

醋污染有時會形成表面全部污染，表面仍可看到醋短絲的形成而誤判。

醋污染有時會形成表面部分區域污染面，而醋膜也可能有部分厚薄狀況。

醋污染有時會形成表面部份厚薄狀況，部分產生污染，部分仍算清澈的液面。

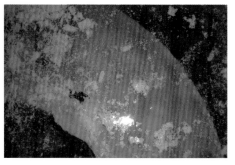

醋污染有時會形成表面部份厚薄狀況，只有局部產生污染，部分仍算清澈的液面。

醋表面被污染，經過3次處理後的表面狀況。

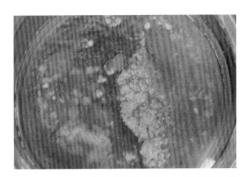

輕微的的紅麴醋表面污染狀況，底下菌液仍是清澈。

常見短期較嚴重的醋污染，缸壁的污染。

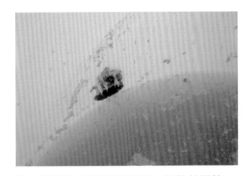

常見短期較嚴重的醋污染，缸壁的污染。

輕微污染的梅醋。

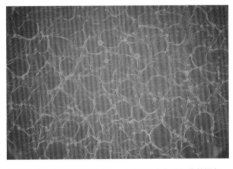

產膜酵母屬輕微污染，出現時須即時撈除，噴酒精及檢查液體酒度及酸度是否足夠。

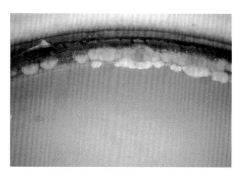

醋污染太久時，缸緣容易產生立體不規則帶狀菌菇。

醋污染有時會形成表面部分污染面，醋膜會有部分呈厚薄狀況。

醋被污染太久時，缸緣邊容易產生立體不規則的單朵菌菇。

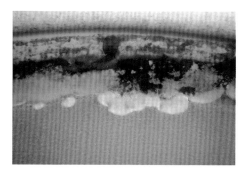

醋被污染太久時，缸緣邊容易產生立體不規則菌菇且會爬缸牆污染。

醋表面污染，有時會出現幾點、或幾小區、或帶狀的白色黴菌或雜菌污染物。

有明顯醋絲狀，可惜後來被白色雜菌包圍，表面摸起來會較滑膩。

常見短期較嚴重的醋局部污染。

常見短期較嚴重的醋局部污染。

常見短期較嚴重的醋局部污染。

醋表面污染中，其中局部表面嚴重污染。

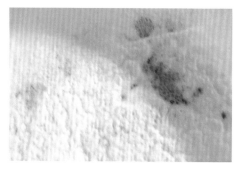

醋表面污染中，其中局部表面嚴重污染。

醋表面污染中，其中局部表面嚴重污染。

醋表面污染中，其中局部表面嚴重污染。

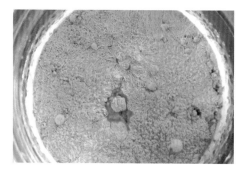

醋表面污染中，其中局部表面嚴重污染。

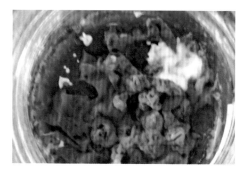

嚴重的紅麴醋污染狀況，直接倒掉做堆肥，不要再處理。

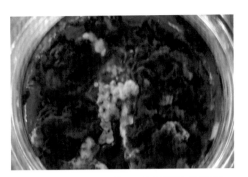

嚴重的紅麴醋污染狀況，直接倒掉做堆肥，
不要再處理。

嚴重的紅麴醋污染狀況，直接倒掉做堆
肥，不要再處理。

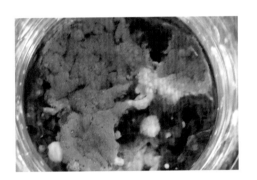

嚴重的紅麴醋污染狀況，直接倒掉做堆
肥，不要再處理。

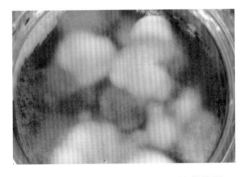

嚴重的紅麴醋污染狀況，直接倒掉做堆肥，
不要再處理。

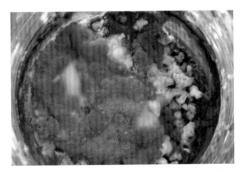

嚴重的紅麴醋污染狀況，直接倒掉做堆肥，
不要再處理。

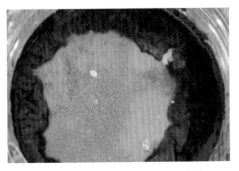

嚴重的紅麴醋污染狀況，直接倒掉做堆肥，
不要再處理。

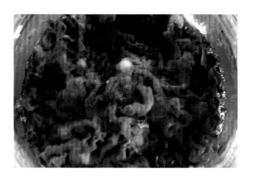

嚴重的紅麴醋污染狀況，直接倒掉做堆肥，不要再處理。

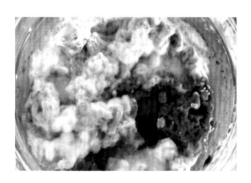

嚴重的紅麴醋污染狀況，直接倒掉做堆肥，不要再處理。

嚴重的紅麴醋污染狀況，直接倒掉做堆肥，不要再處理。

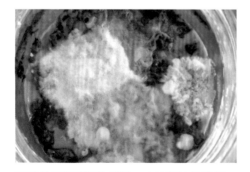

嚴重的紅麴醋污染狀況，直接倒掉做堆肥，不要再處理。

嚴重的紅麴醋污染狀況，直接倒掉做堆肥，不要再處理。

嚴重的紅麴醋污染狀況，直接倒掉做堆肥，
不要再處理。

嚴重的紅麴醋污染狀況，直接倒掉做堆肥，
不要再處理。

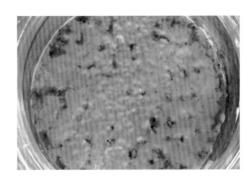

嚴重的紅麴醋污染狀況，直接倒掉做堆肥，
不要再處理。

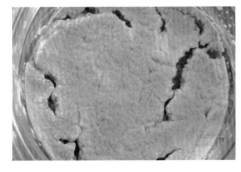

嚴重的紅麴醋污染狀況，直接倒掉做堆肥，
不要再處理。

嚴重的紅麴醋污染狀況，直接倒掉做堆
肥，不要再處理。

嚴重的紅麴醋污染狀況，直接倒掉做堆
肥，不要再處理。

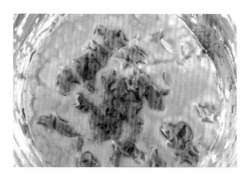

嚴重的紅麴醋污染狀況，直接倒掉做堆
肥，不要再處理。

常見短期較嚴重的醋污染。

常見短期較嚴重的醋污染。

🏺 污染處理後醋膜的表面狀態

醋表面被污染處理後的表面狀況,若底部
液體較濁,表示此缸污染較嚴重。

醋表面被污染處理後的表面狀況,越早處
理越好。

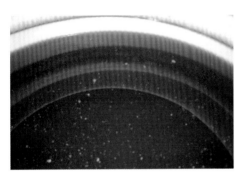

醋表面被污染處理後,其中表面仍還有細微
小雜菌未除清,仍需後續清除。

醋表面被污染,處理後的表面狀況,底層
液體較濁表示污染較嚴重。

醋表面被污染,處理後的表面狀況。

　　醋在發酵培養過程中，最常出現產膜酵母污染的狀況。如果一開始發現被感染又不去處理，它會很快的在醋醪表面越長越多，表面也越積越厚，膜的顏色常出現綿密重疊狀的白色或粉紅色。很多人以為這就是正常醋膜而忽略它，如果用手去摸及捏時，會有滑滑粘粘的感覺，剛開始聞起來與醋的風味稍有不同而已，所以容易被忽略而繼續蔓延。越到後期，產生的味道有相當大差異，如果已完全蓋住醋醪表面，醋味會完全轉變，表面也開始生長其他白色、黃色，甚至是黑色塊狀的微生物。

〈解決方法〉

· 一開始出現輕微污染時：

　　立刻用細濾網的撈杓，將污染物撈除。同時缸緣用紙巾擦拭乾淨。再用 75 度食用酒精噴灑，污染物會被抑制而散掉消失，連續噴 3 天即可改善。記得要同時更換封缸布。封缸布也可以用食用酒精噴濕滅菌。

· 表面已有污染出現

· 撈杓利用熱水滅菌

· 輕輕將表面污染物撈起，不要重撈以減少污染

· 撈乾淨後，用紙巾擦拭內壁面

· 用噴過酒精的紙巾做最後擦拭

· 最後再擦拭缸口

· 封口布噴酒精滅菌

· 封緊缸口

· 如果污染面積太多較嚴重時：

要用細濾網撈杓撈掉表面的產膜酵母。撈網要從表面輕撈，切記不可攪動醋面，不要讓產膜酵母沉入醋醪中，處理後用乾淨的衛生紙或布，將缸沿的薄膜擦拭乾淨，噴上食用酒精，同時更換乾淨的封缸布。噴食用酒精的動作要連續噴 3 天即可改善。

• 表面出現產膜醋母的污染

• 撈杓用熱水殺菌

• 輕輕撈除表面的污染，撈一次清乾淨一次，不要重複用已有污染物的撈杓撈

• 表面的污染

• 用紙巾擦拭壁面

• 用紙巾擦拭瓶口

• 封口部用酒精殺菌

• 用透氣封口布封緊罐口

· 通常醋醪會出現產膜酵母，一般都是因為醋醪的酸度不夠，酸度在 1 度左右。也有可能此時醋醪中的酒精度不夠，一旦感染產膜酵母，很容易再感染，所以必須針對此批醋醪是否因為酒精度不夠來改善。可將醋醪中的酒精度調整到整缸平均為 5 度即可。

發酵時如何做好 DIY 溫控處理

古人常說釀造的要領（夏天適合釀醋，冬天適合釀酒），原因就是夏天時自然界的天候溫度較高，適合醋酸菌的生產，大部分氣溫都在 30℃ 以上，是醋酸菌最喜歡的溫度。而且在夏天平日自然發酵的過程都不需要額外加溫或保溫，擁有最適合的釀醋條件。所以夏天時，常有人把醋缸移到室外的釀醋場地，主要就是利用自然中適合的溫度，藉著陽光的照射，發酵缸溫度可達 30℃ 左右。另外，正好可同時利用太陽的紫外線照射，將醋缸外面附著的雜菌殺死。記得一定要蓋好蓋子，但不要密閉，同時醋醪不可直接照到陽光。

如果在一般的住家、大廈內培養醋，可將醋缸放在陽台或較暖的地方，或用布、棉被保溫，或阻隔陽光直射即可。如果遇到寒流來，可使用電暖氣保溫，但要注意醋醪少許會被蒸發的問題。

發酵酸度不夠的解決之道

培養醋時，產酸不夠是常碰到的問題。一般發酵酸度不夠的原因常出現在發酵過程，也就是所需發酵的時間不足、條件不對、發酵期間環境的溫度偏低、醋醪內的營養成分不足、酒精含量太低、醋酸菌已產生退化或突變。

〈解決方法〉

1. 發酵過程時間一定要足夠天數，並不是發酵 21 天就一定會變成醋。
2. 發酵環境的溫度要保持在 30℃ 左右。如果溫度過低，必要時要採取保溫措施。
3. 一般產酸不足的最大因素在於該批營養源不足，只要適時添加含有足夠酒精成分的原料即可改善。一般而言，含有 1 度的酒精原料可轉換生成 1 度的醋酸酸度。
4. 若發現醋酸菌延遲發酵有退化現象，或產酸遲鈍，或醋的風味已明顯改變時，最好的方式是重新更換新菌種，同時將原有發酵中的原料重新滅菌，再調整好酒精度，接種新的醋酸菌種，重新發酵。

食醋的混濁的原因及防治方法

由原料分解發酵不徹底引起的食醋混濁及防治方法

　　一般產生的原因在於生產過程中發酵時間太短，原料分解發酵不完全所致。

〈解決方法〉

1. 選擇含澱粉質少的原料，或釀醋前期徹底將澱粉轉化成酒。
2. 增加後熟成時間。
3. 添加耐酸性的麩麴，繼續保持 45 ～ 50℃ 溫度，經 24 ～ 48 小時再分解，對提高食醋澄清度會有顯著效果。

雜菌引起的混濁及其防治方法

主要是生產醋的場所存在過多的雜菌，特別是耐酸性的細菌侵入成麴及醋醪中，如果不加控制，大量繁殖致使醋酸發酵進行不正常，醋澄清度就會降低，呈現混濁不清。另一種原因是未經過殺菌處理即當釀醋原料或出廠銷售。

〈解決方法〉

1. 原料中含有許多雜菌，將釀醋原料先滅菌處理。一定要先將原料加熱處理，殺滅附在表面的微生物。

2. 周圍環境及操作工具要經常消毒滅菌。

3. 使用的醋種要純。要控制雜菌污染。

4. 液態發酵溫度要控制在 30 ～ 35℃。固態醋醪發酵溫度控制在 42℃ 以下。

5. 生醋必須在 85℃ 滅菌，並趁熱裝入乾淨的瓶罐中，並加蓋封存，或貯存在缸中，盡量減少接觸空氣，以免雜菌侵入引起再度發酵而使食醋由澄清變混濁。

6. 添加食用級防腐劑。如果總酸度在 3.5 度左右，最好添加苯甲酸鈉做防腐劑；如果總酸在 5 度以上，一般可免加防腐劑。

鐵離子、氧化性蛋白引起的混濁及其防治

食醋中鐵離子的主要來源於鐵製設備工具、釀造用水及原料中，常因氣溫變化而產生混濁，如果加溫至 65 ～ 80℃，則食醋從混濁變澄清。再冷至 10℃ 時，又重新出現混濁。如果食醋中含鐵 30mg/kg 以上會更嚴重。

〈解決方法〉

1. 不要用有鐵的工具或設備。
2. 將混濁的醋加溫至 50℃，加入酸性蛋白酵素，保持 50℃，作用 24 小時，食醋就會澄清。

單寧、鐵離子或氧化酵素引起的混濁變黑及其防治

單寧主要來源於原料，氧化酵素則來源於微生物。鐵與單寧結合則會使食醋變黑，膠體混濁。

〈防治方法〉

1. 找出含鐵離子高的原因，並且更換。
2. 化驗水質。過濾鐵質。
3. 去除氧化酵素引起變黑的措施，一般採加熱滅去酵素，當溫度加熱至 70℃，氧化酵素就失去活性。
4. 發現變黑的食醋，可充分通入空氣，攪拌後用硅藻土過濾機過濾，除去沉澱物即可。

醋醪、醋醅過濾淋醋時，由於操作不當引起混濁及其防治

其原因一般出在過濾或淋醋操作不完善或簡化一些步驟而造成混濁，最好加入硅藻土助濾，使醋汁流出更澄清。

〈防治方法〉

1. 依生產標準工序操作，不要想快或多而省略必要的步驟。
2. 過濾液不乾淨時，需重新多次過濾。

⚗ 再次發酵引起食醋混濁及其防治

主要是生醋未滅菌，感染空氣中的雜菌。

〈防治方法〉

1. 生醋必須在 85℃滅菌，並趁熱裝入乾淨的瓶罐中加蓋封存。
2. 在食醋中添加 0.5 ～ 0.8％的食鹽及氧化鈣，再經滅菌即可抑制雜菌繁殖。

⚗ 食醋的培養中出現醋鰻、醋虱、醋蠅如何防治？

醋鰻是醋酸發酵時的一種病害。其身體構造簡單，體為圓形，尾為斜端，表面非常光滑，柔若無骨，但甚堅固，行動可前進可後退，先成 S 形，再伸直而移動，在傳統的自然釀醋法中常有發現。一般多在表面活動，好氣性，能在淡酒精及淡醋中生長，能抵抗冷熱，溫度在 55℃下不死亡。在醋醪中長有醋鰻時會吞食醋酸菌，並不斷地生長繁殖而大量消耗醋中的養分，致使醋酸發酵失敗。

〈解決方法〉

1. 發酵缸桶要經常清洗，保持清潔衛生，一旦發現有醋鰻時，將醋液加溫至 70℃，移入清潔的缸中，冷卻後，再重新接入十分之一的醋母繼續發酵。
2. 醋虱是醋酸發酵時的一種病害。醋虱來自土壤中，常在酸發酵缸中生長繁殖，影響環境衛生。醋虱本身無明顯妨礙，但繁殖太多，最後死在缸底或醋醪中，產生腐敗的氣味會影響食醋的風味及產品衛生。

〈去除方法〉

1. 周圍環境及發酵容器用熱水清洗，室內用硫磺薰，可以全部殺死。

2. 醋蠅是醋酸發酵時的一種病害。醋蠅常在大熱天發現，眼大，呈紅色，胸部及肢部皆為紅色，腹部黑色有黃紋，翅較身體為長。幼蟲為白色，身有十二節，背有螯疣，8天後變為黃色的蛹，醋蠅繁殖會影響環境衛生。

〈防治方法〉

保持環境清潔衛生。一切器具操作完畢都要徹底清潔衛生，缸邊地面不濺醋汁，則醋蠅不致產生。

浸泡醋
（再製醋）的製作方法

浸 泡 醋 製 作 的 通 用 規 則

♨ 原材料的準備

1. 各種可食用原料：

- **各種可食用的水果**：如檸檬、梅子、李子、水蜜桃、蘋果、金桔、柳橙、百香果、葡萄、楊桃、草莓、蕃茄、龍眼、蓮霧、茂柑橘、橄欖、柚子或綜合水果……等。

- **可食的蔬菜類**：如山藥、山苦瓜、南瓜、牛蒡、辣椒、薑、大蒜、黑豆、花生、胡蘿蔔、甜菜根、蘆薈……等。

- **花茶類**：如茶葉、玫瑰花、桂花、蓮花、菊花、迷迭香、紫蘇、薄荷、櫻花……等。

2. 陳年醋：酸度在 4.5 ～ 10 度的米醋、高粱醋（基醋要用味道淡的及顏色較透明的）、蜂蜜醋。

3. 甜味劑：砂糖、冰糖、麥芽糖或果糖。

♨ 原材料和配料的比例

原料 1 台斤：醋 1.2 台斤：糖 1 台斤

（用基醋浸泡，一定要淹過浸泡物為原則）

容器

以陶瓷缸最佳，廣口玻璃瓶次之。切勿使用鐵器或塑膠容器（如果用316 不銹鋼材質是安全的，另外可耐酸鹼的白色塑膠桶，短期間浸泡仍可使用，但不要使用有色母的塑膠桶）。

做法

1. 將原料篩選去雜，或水果去梗、去蒂，洗淨後擦乾或讓水分滴乾、晾乾（如果不考慮成本，有些原料也可以直接用低度酒精去洗淨晾乾）。

2. 果粒較小者，如梅子、葡萄、金桔等不必切片或切塊，可直接使用或在表皮上劃刀，幫助浸泡液體快速進入果肉。果粒較大者，如蘋果、檸檬、柳橙等切薄片或切塊，以增加浸泡接觸面積。

3. 去子（核仁）或不去子皆可，沒去子的水果浸泡後，有時會產生杏仁味或微苦味，視個人口味而定。

4. 水果先放入瓶缸容器內，再加入糖，最後才放入基醋(或先不加糖浸泡，至少浸泡 10 天後再加糖一起浸泡）。

5. 浸泡的器材或原料要擦拭乾淨及乾燥，防止水分殘留，才不容易變質、變味或污染。

6. 如果想要保持浸泡水果表面的原狀，可採少量分批加入糖量，溶解後再繼續逐次加入；也可在醋中浸泡 1 個月後，再加入糖一起浸泡溶解；或撈起浸泡水果後，再加入糖，再浸泡 10 天左右讓糖完全溶解。

7. 如果浸泡缸瓶中放入糖分，偶而攪拌或搖動使糖溶化。注意不要破壞水果表皮。

8. 浸泡期間放置於陰涼處。日曬雖可縮短浸泡時間，但易被污染。浸泡的第一週最好每天攪拌 1 次，以加速互溶。

🍶 浸泡時間

1. 如果用酸度 8 ～ 10 度的基醋浸泡，則浸漬時間約需 45 ～ 60 天。
2. 如果用酸度 4 ～ 6 度的基醋浸泡，則浸漬時間約需 4 ～ 6 個月。
3. 如果浸漬期間每天搖動瓶或缸，可加速熟成，約 15 天即可飲用。
4. 浸泡時間太短，風味出不來，香味較淡。浸泡時間太久，液體會較濁，水果香味不見得最香醇。適當時間最好。
5. 一般葉類的浸泡時間，可根據泡茶及浸泡酒原理，約 7 天即可完成。
6. 一般根部、莖部、塊狀蔬果或動物肉類的浸泡酸度要高、時間要長，最好 45 天以上。

🍶 食用方法

1. 只喝浸泡出來的醋汁液，水果渣丟棄，或另做蜜餞、果醬。
2. 食用時取 30 ～ 60 cc 汁液，加入 3 ～ 5 倍的開水稀釋（冷熱皆宜）。沖泡稀釋量依個人口味而定。

🍶 注意事項

1. 浸泡用的水果也可以先用果汁機打成果汁，再與基醋汁混合浸泡。
2. 浸泡用的醋，添加量一定要淹過原料或水果表面。水果表面如果沒有浸泡到醋液，表面會產生褐變，表皮因氧化會呈茶色或褐黑色，觀感不佳。所以如果浸泡原料或水果太輕而容易浮於醋汁表面時，要用竹篾、石頭、陶瓷盤壓片，將原料、水果壓入醋汁液下面，讓原料、水果能全部浸漬在基醋液中。

　　市面上已有一些介紹醋的書籍報導過浸泡醋的個別做法，其實只要類別相同的釀醋原料，浸泡做法大同小異。由於浸泡醋非本書的重點，所以只介紹最具代表的梅子浸泡醋、橄欖浸泡醋、五葉松浸泡醋、醋蛋的做法，當作通則範例，其餘的浸泡醋不佔篇幅逐一作介紹。另外用彙總的方式簡述市面上浸泡醋種類及大概的製作過程，並特別強調實務中需要注意的事項或容易忽略的部分，請讀者舉一反三，抓住上述浸泡醋製作的大原則，再依取得原料的種類自行變化，並做出個人特色，您也將成為釀醋高手。

各種市售醋的製造概況彙總

醋的種類	生產製造概況說明
糙米醋	1.由糙米煮熟釀酒，再接醋種轉成醋發酵。 2.用現成糙米酒，經調整酒精度，再接醋種醋化而成
米醋	1.由圓糯米或蓬萊米煮熟釀酒，再接醋種轉成醋發酵。 2.用現成米酒，經調整酒精度，再接醋種醋化而成
醋精	1.將米醋沉澱物磨漿或打汁而成。 2.另一種是用冰醋酸調出需要之酸度。
陳年醋	1.將米醋陳放3年以上。 2.基醋加陳味香精、焦糖色素及甜味劑而成。 3.所有醋陳放3年以上。
紅麴醋	1.用紅麴米發酵，經酒化，再醋化而成。 2.用現成紅麴酒，經調整酒精度，再接醋種醋化而成。
檸檬醋	1.檸檬處理、浸泡而成，其風味差異在檸檬品種及基醋原料。 2.檸檬處理、調糖、接水果酵母菌、酒化、調酒精度、接醋種，醋化而成。 3.基醋加檸檬香精及甜味劑調合而成。
梅子醋	1.梅子處理、浸泡而成，其風味差異在梅子品種及基醋原料。 2.梅子處理、調糖、接水果酵母菌、酒化、調酒精度、接醋種、醋化而成。 3.用現成梅子酒，經調整酒精度，再接醋種醋化而成 4.基醋加梅子香精及甜味劑調合而成。
李子醋	1.用李子處理浸泡而成，其風味差異在李子品種及基醋原料。 2.用李子處理、調糖、接水果酵母菌、酒化、調酒精度、接醋種、醋化而成。 3.用現成李子酒，經調整酒精度，再接醋種醋化而成。 4.基醋加李子香精及甜味劑調合而成。
桑椹醋	1.用桑椹處理浸泡而成，其風味差異在桑椹品種及基醋原料。 2.用桑椹處理、調糖、接水果酵母菌、酒化、調酒精度、接醋種、醋化而成。 3.用現成桑椹酒，經調整酒精度，再接醋種醋化而成。 4.基醋加桑椹香精及甜味劑調合而成。

浸泡醋（再製醋）的製作方法

醋的種類	生產製造概況說明
水蜜桃醋	1.用水蜜桃處理浸泡而成，其風味差異在水蜜桃品種及基醋原料。 2.用水蜜桃處理、調糖、接水果酵母菌、酒化、調酒精度、接醋種、醋化而成。 3.用現成水蜜桃酒，經調整酒精度，再接醋種醋化而成。 3.基醋加水蜜桃香精及甜味劑調合而成。
蘋果醋	1.用蘋果處理浸泡而成，其風味差異在蘋果品種及基醋原料。 2.用蘋果處理、調糖、接水果酵母菌、酒化、調酒精度、接醋種、醋化而成。 4.基醋加蘋果香精及甜味劑調合而成。
金桔醋	1.用金桔處理浸泡而成，其風味差異在金桔品種及基醋原料。 2.用金桔處理、調糖、接水果酵母菌、酒化、調酒精度、接醋種、醋化而成。 3.用現成金桔酒，經調整酒精度，再接醋種醋化而成。 4.基醋加金桔香精及甜味劑調合而成。
鳳梨醋	1.用鳳梨處理浸泡而成，其風味差異在鳳梨品種及基醋原料。 2.用鳳梨處理、調糖、接水果酵母菌、酒化、調酒精度、接醋種、醋化而成。 3.用現成鳳梨酒，經調整酒精度，再接醋種醋化而成。 4.基醋加鳳梨香精及甜味劑調合而成。
柳橙醋	1.用柳橙處理浸泡而成，其風味差異在柳橙品種及基醋原料。 2.用柳橙處理、調糖、接水果酵母菌、酒化、調酒精度、接醋種、醋化而成。 3.用現成柳橙酒，經調整酒精度，再接醋種醋化而成。 4.基醋加柳橙香精及甜味劑調合而成。
百香果醋	1.用百香果處理浸泡而成，其風味差異在百香果品種及基醋原料。 2.用百香果處理、調糖、接水果酵母菌、酒化、調酒精度、接醋種、醋化而成。 3.用現成百香果酒，經調整酒精度，再接醋種醋化而成。 4.基醋加百香果香精及甜味劑調合而成。
草莓醋	1.用草莓處理浸泡而成，其風味差異在草莓品種及基醋原料。 2.用草莓處理、調糖、接水果酵母菌、酒化、調酒精度、接醋種、醋化而成。 3.基醋加草莓香精及甜味劑調合而成。
柚子醋	1.用柚子處理浸泡而成，其風味差異在柚子品種及基醋原料。 2.用柚子處理、調糖、接水果酵母菌、酒化、調酒精度、接醋種、醋化而成。 3.基醋加柚子香精及甜味劑調合而成。

醋的種類	生產製造概況說明
楊桃醋	1.用楊桃處理浸泡而成，其風味差異在楊桃品種及基醋原料 2.用楊桃處理、調糖、接水果酵母菌、酒化、調酒精度、接醋種、醋化而成。 3.用現成楊桃酒，經調整酒精度，再接醋種醋化而成。 4.基醋加楊桃香精及甜味劑調合而成。
葡萄醋	1.用葡萄處理浸泡而成，其風味差異在葡萄品種及基醋原料。 2.用葡萄處理、調糖、接水果酵母菌、酒化、調酒精度、接醋種、醋化而成。 3.用現成葡萄酒，經調整酒精度，再接醋種醋化而成。 4.基醋加葡萄香精及甜味劑調合而成。
蕃茄醋	1.用蕃茄處理浸泡而成，其風味差異在蕃茄品種及基醋原料。 2.用蕃茄處理、調糖、接水果酵母菌、酒化、調酒精度、接醋種、醋化而成。 3.用現成番茄酒，經調整酒精度，再接醋種醋化而成。 4.基醋加番茄香精及甜味劑調合而成。
桂圓醋	1.用龍眼處理浸泡而成，其風味差異在龍眼品種及基醋原料。 2.用龍眼處理、調糖、接水果酵母菌、酒化、調酒精度、接醋種、醋化而成。 3.用現成桂圓酒，經調整酒精度，再接醋種醋化而成。 4.基醋加龍眼香精及甜味劑調合而成。
蓮霧醋	1.用蓮霧處理浸泡而成，其風味差異在蓮霧品種及基醋原料。 2.用蓮霧處理、調糖、接水果酵母菌、酒化、調酒精度、接醋種、醋化而成。 3. 用現成蓮露酒，經調整酒精度，再接醋種醋化而成。 4.基醋加蓮霧香精及甜味劑調合而成。
茂柑橘醋	1.用茂柑橘處理浸泡而成，其風味差異在茂柑橘品種及基醋原料。 2.用茂柑橘處理、調糖、接水果酵母菌、酒化、調酒精。度、接醋種、醋化而成。 3.用現成茂柑橘酒，經調整酒精度，再接醋種醋化而成。 4.基醋加茂柑橘香精及甜味劑調合而成。
橄欖醋	1.用橄欖處理浸泡而成，其風味差異在橄欖品種及基醋原料。 2.用橄欖處理、調糖、接水果酵母菌、酒化、調酒精度、接醋種、醋化而成。 3.用現成橄欖酒，經調整酒精度，再接醋種醋化而成。 4.基醋加橄欖香精及甜味劑調合而成。

浸泡醋（再製醋）的製作方法

醋的種類	生產製造概況說明
綜合 水果醋	1.用綜合水果處理浸泡而成，其風味差異在綜合水果品種及基醋原料。 2.用綜合水果處理、調糖、接水果酵母菌、酒化、調酒精度、接醋種、醋化而成。 3.用現成綜合水果酒，經調整酒精度，再接醋種醋化而成。 4.基醋加綜合水果香精及甜味劑調合而成。
山藥醋	1.用山藥處理浸泡而成，其風味差異在山藥品種及基醋原料。 2.用山藥處理、調糖、接酒麴、酒化、調酒精度、接醋種、醋化而成。 3.用現成山藥酒，經調整酒精度，再接醋種醋化而成。 4.基醋加山藥香精及甜味劑調合而成。
山苦瓜醋	1.用山苦瓜處理浸泡而成，其風味差異在山苦瓜品種及基醋原料。 2.用山苦瓜處理、調糖、接水果酵母菌、酒化、調酒精度、接醋種、醋化而成。 3. 用現成山苦瓜酒，經調整酒精度，再接醋種醋化而成。 4.基醋加山苦瓜香精及甜味劑而成。
南瓜醋	1.用南瓜處理浸泡而成，其風味差異在南瓜品種及基醋原料。 2.用南瓜處理、調糖、接酒麴、酒化、調酒精度、接醋種、醋化而成。 3. 用現成南瓜酒，經調整酒精度，再接醋種醋化而成。 4.基醋加南瓜香精及甜味劑調合而成。
牛蒡醋	1.用牛蒡處理浸泡而成，其風味差異在牛蒡品種及基醋原料。 2.用牛蒡處理、調糖、接酒用酵母菌、酒化、調酒精度、接醋種、醋化而成。 3.用現成牛蒡酒，經調整酒精度，再接醋種醋化而成。 3.基醋加牛蒡香精及甜味劑調合而成。
辣椒醋	1.用辣椒處理浸泡而成，其風味差異在辣椒品種及基醋原料。 2.用辣椒處理、調糖、接酒用酵母菌、酒化、調酒精度、接醋種、醋化而成。
薑醋	1.用薑處理浸泡而成，其風味差異在薑品種及基醋原料 2.用薑處理、調糖、接酒用酵母菌、酒化、調酒精度、接醋種、醋化而成。
胡蘿蔔醋	1.用胡蘿蔔處理浸泡而成，其風味差異在胡蘿蔔品種及基醋原料。 2.用胡蘿蔔處理、調糖、接酒用酵母菌、酒化、調酒精度、接醋種、醋化而成。 3.基醋加胡蘿蔔香精及甜味劑調合而成。

醋的種類	生產製造概況説明
大蒜醋	1.用大蒜處理浸泡而成，其風味差異在大蒜品種及基醋原料。 2.用大蒜處理、調糖、接酒用酵母菌、酒化、調酒精度、接醋種、醋化而成。
黑豆醋	1.用黑豆處理浸泡而成，其風味差異在黑豆品種及基醋原料。 2.用黑豆處理、調糖、接水果酵母菌、酒化、調酒精度、接醋種、醋化而成。
花生醋	1.用花生處理浸泡而成，其風味差異在花生品種及基醋原料。 2.用花生處理、調糖、接酒用酵母菌、酒化、調酒精度、接醋種、醋化而成。
甜菜根醋	1.用甜菜根處理浸泡而成，其風味差異在甜菜根品種及基醋原料。 2.用甜菜根處理、調糖、接酒用酵母菌、酒化、調酒精度、接醋種、醋化而成。 3.基醋加甜菜根香精及甜味劑調合而成。
蘆薈醋	1.用蘆薈處理浸泡而成，其風味差異在蘆薈品種及基醋原料。 2.用蘆薈處理、調糖、接酒用酵母菌、酒化、調酒精度、接醋種、醋化而成。
玫瑰花醋	1.用乾燥玫瑰花處理浸泡而成，其風味差異在玫瑰花品種及基醋原料。 2.用乾燥玫瑰花處理、調糖、接酒用酵母菌、酒化、調酒精度、接醋種、醋化而成。 3.基醋加玫瑰花香精及甜味劑調合而成。
桂花醋	1.用乾燥桂花處理浸泡而成，其風味差異在桂花品種及基醋原料。 2.用乾燥桂花處理、調糖、接酒用酵母菌、酒化、調酒精度、接醋種、醋化而成。 3.基醋加桂花香精及甜味劑調合而成。
蓮花醋	1.用乾燥蓮花處理浸泡而成，其風味差異在蓮花品種及基醋原料。 2.用乾燥蓮花處理、調糖、接酒用酵母菌、酒化、調酒精度、接醋種、醋化而成。 3.基醋加蓮花香精及甜味劑調合而成。
薄荷醋	1.用乾燥薄荷處理浸泡而成，其風味差異在薄荷品種及基醋原料。 2.用乾燥薄荷處理、調糖、接酒用酵母菌、酒化、調酒精度、接醋種、醋化而成。 3.基醋加薄荷香精及甜味劑調合而成。
茶醋	1.用茶處理浸泡而成，其風味差異在茶品種及基醋原料。 2.用茶處理、調糖、接酒用酵母菌、酒化、調酒精度、接醋種、醋化而成。 3.基醋加茶香精及甜味劑調合而成。

醋的種類	生產製造概況説明
菊花醋	1.用乾燥菊花處理浸泡而成，其風味差異在菊花品種及基醋原料。 2.用乾燥菊花處理、調糖、接酒用酵母菌、酒化、調酒精度、接醋種、醋化而成。 3.用現成菊花酒，經調整酒精度，再接醋種醋化而成 4.基醋加菊花香精及甜味劑調合而成。
迷迭香醋	1.用現成迷迭香處理浸泡而成，其風味差異在迷迭香品種及基醋原料。 2.用現成迷迭香處理、調糖、接酒用酵母菌、酒化、調酒精度、接醋種、醋化而成。 3.用現成迷迭香酒，經調整酒精度，再接醋種醋化而成。 4.基醋加迷迭香香精及甜味劑調合而成。
紫蘇醋	1.用紫蘇處理浸泡而成，其風味差異在紫蘇品種及基醋原料。 2.用紫蘇處理、調糖、接酵母菌、酒化、調酒精度、接醋種、醋化而成。 3 用現成紫蘇酒，經調整酒精度，再接醋種醋化而成。 4.基醋加紫蘇香精及甜味劑調合而成。
櫻花醋	1.用乾燥櫻花處理浸泡而成，其風味差異在櫻花品種及基醋原料。 2.用乾燥櫻花處理、調糖、接酒用酵母菌、酒化、調酒精度、接醋種、醋化而成。 3.基醋加櫻花香精及甜味劑而調合成。
黑糖醋	1.用黑糖處理浸泡而成，其風味差異在黑糖品種及基醋原料。 2.用黑糖處理、調糖、接酒用酵母菌、酒化、調酒精度、接醋種、醋化而成。 3.基醋加黑糖香精及甜味劑調合而成。
蜂蜜醋	1.用蜂蜜處理浸泡而成，其風味差異在蜂蜜品種及基醋原料。 2.用蜂蜜處理、調糖、接酒用酵母菌、酒化、調酒精度、接醋種、醋化而成。 3.用現成蜂蜜酒，經調整酒精度，再接醋種醋化而成。 3.基醋加蜂蜜香精及甜味劑調合而成。
五葉松醋	1.用五葉松處理浸泡而成，其風味差異在五葉松品種及基醋原料。 2.用五葉松處理、調糖、接酒用酵母菌、酒化、調酒精度、接醋種、醋化而成。 3.用現成五葉松酒，經調整酒精度，再接醋種醋化而成。
四物醋	1.用四物處理浸泡而成，其風味差異在四物藥材及基醋原料。 2.用四物處理、調糖、接酒用酵母菌、酒化、調酒精度、接醋種、醋化而成。 3.用現成四物酒，經調整酒精度，再接醋種醋化而成 4.基醋加四物香精或濃縮物及甜味劑調合而成。

RECIPE

= 梅子浸泡醋 =

浸泡醋（再製醋）的製作方法

每當 4 月份清明節前後，傳統市場就會出現一包 10 台斤用塑膠袋裝的青梅，塑膠袋背面還附製作說明，非常方便。由於這類製作說明是浸泡梅酒與梅醋的做法，只要回家後將青梅清潔瀝乾、加糖、加酒或加醋就完成。所以基本上沒有不會做的，只是你想不想和願不願意去做。浸泡 3 個月至半年就可以享受成果。

梅子的特色，包含風味清香，糖分少，富含大量的有機酸及鈉、鉀、鈣等礦物質，實質上是屬鹼性的食品，具有平衡體液酸鹼值功能，具有澄清血液、強肝、整腸、恢復疲勞等功效。

成品份量 1

材料
- 黃梅 1 台斤（600g）
- 陳年醋 1 ～ 2 瓶（600~1200cc）
- 麥芽 0.6 台斤（也可用冰糖）

工具
- 玻璃櫻桃罐 1 個（1800cc）
- 罐標貼紙 1 張

成品份量 2

材料
- 黃梅 10 台斤（6000g）
- 陳年醋 10 ～ 15 瓶（6000~9000cc）
- 麥芽 6 台斤（也可用冰糖）

工具
- 寬口玻璃瓶（桃太郎罐）
- 罐標貼紙 1 張

| 步驟 |

- 選用黃梅（或青梅）。將每粒黃梅去葉、去梗（去蒂頭）、洗淨，以乾淨布擦乾，並充分將洗淨梅子的表面水分曬乾或晾乾。

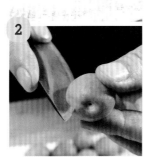

- 用小刀將每粒黃梅表面劃2～4道刀痕。

- 玻璃罐洗淨後，擦乾消毒，再放入黃梅、麥芽或砂糖，倒入陳年醋，加以密封。經過4個月的浸泡後，即可打開飲用。將梅渣與汁分開，倒出汁另裝瓶存放，飲用時加兩倍溫開水，最好清晨空腹飲用，可治筋骨酸痛。

- 浸泡的醋需用酸度 4 ～ 9 度的基醋，如果酸度太低容易壞，且萃取能力較差。
- 盡可能不要用糯米醋浸泡，容易出現另一種不純的風味。基醋用米醋或屬於中性味道的陳年醋最好。
- 如果有可能，最好用過濾澄清且未經滅菌的釀造米醋。這樣的浸泡做法最後都會和釀造做法一樣達到相同的效果。這種生產出來的醋最後仍歸為釀造醋。

被污染的梅醋形態

RECIPE

═ 橄欖浸泡醋 ═

浸泡醋（再製醋）的製作方法

橄欖是很好的養生保健食物，既可食用也可當藥用。中醫認為，橄欖性味甘、酸、平，入脾、胃、肺經，有清熱解毒，利咽化痰，生津止渴，除煩醒酒，化刺除鯁之功，冬春季節，每日嚼食 2～3 粒鮮橄欖，可防止上呼吸道感染。兒童經常食用對骨骼的發育大有益處。所以早期中醫的胃腸保健藥－胃散，其處方內容物中都會加入橄欖粉當必備原料之一。

| 成品份量 | 約 1 台斤（600g） |
| 製作所需時間 | 1 年 |

材料
- 新鮮橄欖 300g
- 6 度陳年米醋 600cc
- 冰糖 75g（不一定要加入）

工具　玻璃浸泡罐（1800cc）1 個

注意事項

- 浸泡的醋液最好要用酸度 6 度的陳年米醋。
- 橄欖醋浸泡 2 年以上較好喝，顏色也較深。

- 先將橄欖去
  蒂頭、洗淨、
  晾乾備用。

- 用小刀將每
  個橄欖外皮
  劃 2 ～ 4 道
  刀痕，放入
  乾淨的浸泡
  罐中。

- 可先加入冰
  糖，或都不
  加，取 6 度
  陳年米醋倒
  入，米醋至
  少淹過橄欖
  為原則。

- 一般浸泡醋
  的基本原則
  是浸泡物為
  1，醋是浸泡
  物的 2 倍。
  若浸泡物會
  浮上來時，
  一定要用器
  皿（小瓷盤）
  壓下，浸泡
  物要完全浸
  泡到醋液才
  可以。

RECIPE

= 五葉松浸泡醋 =

　　五葉松是台灣特有植物，別名山松柏、五葉松、松柏、松樹、玉山松、短毛松、台灣五針松、台灣松、台灣白松、台灣五鬚松、臺灣五針松。目前普及全省各地皆可種植。其特徵是：葉針形，5 根一束，剛硬作射出狀，松針長 4 ～ 10 公分。在採集食用時千萬不要混淆。台北龍山寺青草街賣的五葉松嫩葉也有人直接打汁加蜂蜜來喝，以提升免疫力，效果很好。而浸泡的五葉松酒或五葉松醋則對聲音沙啞或練氣功行氣有特殊效果。

　　五葉松醋的製作，不建議從酒釀造直接轉到醋釀造的一條龍方式來做，風味較差，污染及生產控管較差。可直接用過濾澄清但是沒殺過菌的米醋來浸泡，因為用活的釀造醋去浸泡，最後的成品市場仍歸為釀造醋產品。

成品份量	約 1 台斤（600g）

製作所需時間	3 個月

材料	▪ 新鮮嫩的五葉松 100g ▪ 6 度陳年米醋 550cc

工具	玻璃浸泡罐（600cc）1 個

- 將嫩的五葉松葉連細枝一起清洗、瀝乾。一起剁碎或直接拔取較嫩的五葉松葉，捨棄松枝。

- 將處理好的五葉松葉整齊放置於浸泡罐，倒入6度的陳年米醋，至少要淹過五葉松為原則。

- 若大量浸泡時，怕五葉松會浮起而變質，可在上面放一個瓷盤壓住表層或另外加壓，強迫五葉松沉下並完全浸泡到醋液，浸泡1～3個月，五葉松葉變黃，酒液呈琥珀色，有濃郁的五葉松味。

注意事項

- 五葉松一定要用新鮮的，而且越嫩越好，太老的苦澀味會增加。小梗枝仍可用，但大梗枝最好捨棄，容易浸出過多的松脂味。
- 不要採集路邊生長的五葉松樹當原料，葉子上面容易殘留汽機車的汽柴油味。

= 醋蛋 =

浸泡醋（再製醋）的製作方法

醋蛋是一種具有保健效果的食品，與藥物並不發生牴觸，平常個人使用的藥物不必停藥，在飲的過程中，如果個人沒有不適症狀則久飲無害，而且是男女老少都適宜。重點是製造過程一定要選用新鮮無污染的雞蛋，醋的酸度要用高度的醋酸。

當釀造醋與新鮮雞蛋浸泡成醋蛋後，不僅綜合了原有的醋和雞蛋的營養成分具有食療效果，而且雞蛋在醋的作用下，防止可能因吃生蛋而發生的細菌污染問題。

另外在生物反應上的說法，蛋黃是雞蛋的核心，生蛋黃或熟蛋黃由於分子較大，較難被人體的小腸吸收，而經醋化過的蛋黃，其分子發生斷裂，成為細小分子，蛋黃中所釋放的卵磷脂、膽鹼和生物素等物質，卻易被人體吸收而發揮其生理功能。蛋清是一種巨大的清蛋白，是構成生命的重要成分，除含有豐富的溶菌酶外，還含有抗癌作用的阿維丁物質，所以蛋清浸醋後使巨大的清蛋白裂解為微小分子，釋放出大量溶菌酶和阿維丁等物質，食療作用必然大於單味的蛋清。另外，被醋軟化、溶解的蛋殼變成醋酸鈣，它的特性是溶於水，鈣可全部被小腸吸收，這是一種難得的無機鹽，不僅對人體骨骼等生長發育起作用，而且可預防高血壓等疾病。

注意事項

- 食醋酸度 9 度的浸蛋效果最好，如果沒有酸度 9 度的醋，也可選擇 6 度的優質醋，但浸泡時間要適當延長（以蛋殼溶解軟化為基準）。
- 別浸泡太久，蛋容易污染混濁而變味，蛋殼鈣質的溶解會隨著酸度而加速或緩慢，最後蛋殼都會被完全溶解只剩一層蛋膜。食用時先用筷子將蛋膜插破，流出蛋黃，與醋液完全混溶，再將破口的蛋膜取出丟棄即可食用。

材料 ▪ 新鮮雞蛋 1 個
▪ 9 度陳年醋 180cc

工具 ▪ 300cc 玻璃容器 1 個
▪ 罐標貼紙 1 張

步驟

▪ 選用新鮮雞蛋，蛋殼表面要刷洗乾淨，並擦拭至無水分。

▪ 每個蛋用酸度 9 度、100～180 cc 的無色優質基醋浸泡。

▪ 浸泡初期，蛋殼外表會產生附著很多小汽泡，約 48 小時後，蛋殼的鈣質已完全被醋溶解到醋液中，只剩下完整的蛋膜。將蛋膜皮攪破，再浸泡 24 小時後飲服。

浸泡醋（再製醋）的製作方法

CHAPTER

8

釀造醋的
家庭製作法

水果醋的
釀造方法

　　因為水果都含有相當量的各種糖類及有機酸，又具有特殊的芳香風味，十分適合做為醋的釀造原料。它的製法大都先進行酒精發酵過程，再進行醋酸發酵。這發酵過程的兩個階段其實是連續進行，為了讓學習者有深刻的印象，所以一再重複提醒，當您真正實做後，即可了解發酵進行的奧妙。因水果有幾千種，無法一一詳述，只列以下幾個品種作為釀醋的製作範例，請舉一反三去發揮。

RECIPE

－鳳梨醋－

　　鳳梨是台灣的傳統水果，一整年在市面上都可以看到，這些鳳梨幾乎都經過改良，又香又甜。由於鳳梨香氣為大眾所接受，所以相關產品很多，從醫療、食品、飼料添加劑用的鳳梨酵素（抗生素替代品），鳳梨蜜餞、果汁飲品、烘焙產品等等都有，尤其是民間釀製的鳳梨醋與鳳梨酒。早期台灣水果醋市場都以鳳梨醋為主，主要是鳳梨酵素證實消炎作用，食用確實有食療效果。

| 成品份量 | 400cc |
| 製作所需時間 | 1 ～ 3 個月 |

材料
- 鳳梨 1 台斤（600g）
- 砂糖 75g（如果鳳梨汁糖度在 12 度以上就不須額外加糖）
- 酒用酵母 0.5g（釀造時才要加，浸泡時就不需要加）
- 醋酸菌種 60cc

工具
- 發酵罐（1800 cc）1 個
- 封口布 1 個
- 塑膠袋 1 個
- 橡皮筋 1 條

步驟

- 鳳梨挑選、去雜、去皮、切丁，放置於發酵罐中打碎備用。（榨汁後，再予以過濾留汁。家庭式的做法可不用先榨汁，只要削皮後切丁或捏碎即可，等發酵完成為酒後再榨汁讓它過濾澄清。此過濾液在 60 ～ 65℃ 間加熱，並保持 20 ～ 30 分鐘進行殺菌（70℃ 則 15 分鐘），如果溫度過高，香味易於逸散。在此同時，果汁中因熱凝固的膠質物可趁熱過濾，果汁得以澄清。

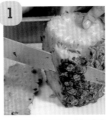

（第 2、3 步驟，一般在家庭自釀時都會省略。在國外常額外添加果膠分解酵素去除果膠，或用二氧化硫滅雜菌，除非是工廠生產量大才需添加，若是家庭式生產，個人認為不需添加）

- 用糖度計測量鳳梨汁糖度，用糖度 25 度減去鳳梨汁糖度，等於須補足的糖度，換算成需加入的砂糖量。

- 砂糖加入鳳梨汁，用小火煮融化。糖水放冷至 30℃時倒入發酵罐。或不必溶解砂糖直接就倒入發酵罐中。隨即將其冷卻至 28 ～ 30℃，再接種純粹培養的水果酵母。

（pH 值適宜 3.0 ～ 4.2，一般在家自釀是直接用原汁釀，最多再調糖度，很少調整 PH 值。）

- 酒用水果酵母菌依程序活化備用。

- 再將活化酵母菌放入發酵酒缸（或櫻桃罐）中，拌勻。

- 第一天用封口棉布封口，採好氧發酵。第二天起改用塑膠布蓋好罐口，採厭氧發酵，塑膠布外用橡皮筋套緊。

7 ▪ 進行發酵約 4 ～ 5 日後發酵終了，酒醪中酒精含量 5.0 ～ 6.5 度（因天然果肉或果汁的原始糖度或甜度約 11 ～ 17 度，一般每 2 度糖分可發酵轉換成 1 度酒精，其餘糖分為殘糖量，留於酒液中）。

8 再把它加熱到 55 ～ 60℃，維持 20 ～ 30 分鐘，並予以殺菌（或 70℃ 則 15 分鐘），迅速降溫至 25 ～ 30℃（有殺菌的風味較單純而無雜味，一般家庭在釀造時常忽略殺菌步驟，也一樣可以做成功，只是發酵過程時較易被污染）。

- 準備醋酸發酵。當接種醋酸菌的種菌（接種量至少 10%）時，醋酸發酵醪的醋酸含量須在 1 度以上，若酸度過低，產膜酵母會侵入，使發酵失敗。

10 種醋量不足時，要添加既成的醋來增加酸度。

- 醋酸發酵期間溫度應保持 30℃，並通以乾淨的空氣。約經過 20 ～ 40 天發酵即結束（最好實際測酸度來觀察發酵是否完成）。

- 醋製品最忌混濁，所以過濾前先靜置使沈澱，可添加 2% 的矽藻土來過濾（家庭式的做法，收成時，先收上層澄清醋液，再將下層渣用過濾袋擠壓過濾，讓它靜置澄清，再取上面的澄清液即可）。

=紅葡萄醋=

RECIPE

台灣真正釀酒、釀醋用的葡萄品種大約分兩種。釀紅葡萄酒和醋，用黑后葡萄；釀白葡萄酒和醋，用金香葡萄。葡萄產區在中部，包括台中市后里和外埔，以及彰化縣的二林最多。早期因為國營公賣局與葡萄農契作保證收購，幾乎家家戶戶都種，後來開放民間釀酒，公賣局已不再執行保證收購的政策。

　　政府放棄收購葡萄的政策，造成台灣中南部設置農村酒莊較多的縣市，不得已由葡萄農自己生產釀造和銷售，通常以釀酒為主，釀醋為副，讓祖先留下的葡萄園才不至於荒廢。由於初期釀造技術不成熟，各酒莊的釀酒、釀醋品質落差相當大。或許你在家也常用其他品種的新鮮葡萄來釀酒或醋。

　　一般最多、最好買的是巨峰葡萄、蜜紅葡萄或進口無籽葡萄。這些品種其實是鮮食葡萄，較不適合拿來釀酒、釀醋。另外果農理果下來的不成熟葡萄成本較便宜，拿來釀酒、釀醋也是不錯的選擇，只是香氣、風味或色澤會與認知的味道不同。

成品份量	600cc	製作所需時間	1～3個月

材料
- 黑后葡萄 1 公斤（1000g，去梗後的重量）（或使用其他種類的葡萄）
- 砂糖 65g（如果葡萄汁糖度在 12 度以上就不需加糖）
- 水果酵母菌 0.5g （釀造時才要加，浸泡時就不需要加）
- 醋酸菌種　60cc

工具
- 發酵罐（1800 cc）1 個
- 封口布 1 個
- 塑膠袋 1 個
- 橡皮筋 1 條

| 步驟 |

- 先將葡萄去雜、去梗。

- 取 0.5g 酵母菌,先活化酵母菌。(活化方法請參照 P.083 酵母菌的活化處理)。

- 已晾乾的葡萄放入發酵罐,用手捏碎出汁。可先加熱到 60 ～ 70℃ 殺菌(或添加果膠分解酵素及適量二氧

化硫,同時測葡萄汁原始糖度)(初期殺菌的目的只是減少原料的雜菌,避免干擾後續酵母菌或是醋酸菌的發酵,此處並沒有完全滅菌)。

- 取一滴葡萄汁,用糖度折光計測糖度,25 度減葡萄汁糖度即為須補糖糖度,若沒糖度計,就大概用材料所列的砂糖量,應該誤差不大。

- 調好發酵糖度後,加入已活化好的酵母菌,與葡萄汁攪拌均勻,即可進行酒精發酵(添加量為水果原料的萬分之五,且酵母菌須先活化再用)。

- 進行酒精發酵約 4～5 日後,發酵應可終了,目標希望達到發酵醪中酒精含量5.0～6.5度。如果酒精度太高,則要用水稀釋或最好用果汁稀釋降低。

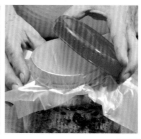

- 接種醋酸菌的種菌時,醋酸發酵醪的醋酸含量須在 1 度以上,若酸度過低,產膜酵母會侵入使發酵失敗(接種量至少 10%,越多越好,發

酵越快,初
學者最好用
50% 接菌種
量,較容易
成功)。

• 種醋量不足
時要添加既
成的醋,以
增加酸度。

• 醋酸發酵期
間,溫度應
保持在 30℃
左右,並通
以乾淨的空
氣。約經過
20 ～ 40 天
發酵即結束
(最好直接
測酸度來觀
察發酵是否
完成)。

注意事項

• 醋酸發酵完成的指標是酸度在 4.5 度以上。如果是發酵培養酸度在 6 度以上最好。

• 醋製品最忌混濁。所以過濾前先靜置沈澱,可添加 2％矽藻土來過濾。(家庭式的做法,收成時先收上層澄清醋液,再將下層渣用過濾袋擠壓過濾,讓它靜置澄清再取上澄清液即可)

• 如果直接以葡萄酒為釀醋原料,因含酒精較多,需先做降酒精之調整,在稀釋酒精度時,可同時添加 0.01 ～ 0.04％的磷酸銨以增加營養源會更好。(家庭式的做法直接加冷開水稀釋葡萄酒酒精度到 5 度,再加入醋酸菌種即完成)

• 含有亞硫酸(二氧化硫)的葡萄酒有礙發酵,則可添加過氧化氫(H_2O_2)將其消除。

• 葡萄醋與葡萄酒類似,也有白醋及紅醋兩種,如果經蒸餾揮發酸和芳香氣後,即成無色透明的蒸餾白醋。

RECIPE

—葡萄酒醋—

葡萄酒醋是歐美非常流行的食醋之一,但是台灣早期農民較少用自己生產的新鮮葡萄直接來釀醋,一般都直接用來製作葡萄酒(或稱葡萄露),一方面取得醋酸菌種不易,另一方面普遍認為在同一場所做酒醋的培養,容易污染酒的產品而放棄生產醋品。所以市面上充斥進口葡萄醋,非常為可惜。

| 成品份量 | 600cc | 製作所需時間 | 1 ～ 3 個月 |

材料

- 新鮮葡萄汁 1 台斤(600g)
- 12 度葡萄酒 250cc(或 95 度食用酒精 32cc)
- 醋酸菌種 100cc

工具

- 發酵罐(1800 cc)1 個
- 封口布 1 個
- 塑膠袋 1 個
- 橡皮筋 1 條

步驟

- 葡萄經去雜、去梗。葡萄酒醋的原料是以品質較差的新鮮葡萄、葡萄酒渣、葡萄酒或次級葡萄酒或食用酒精為原料。如果是以新鮮葡萄為原料時,則需先將葡萄釀成葡萄酒或直接榨汁再加入已釀好的葡萄酒或食用酒精,然後調整酒度至 5 度左右,加入適量醋種,靜置發酵變成食醋。

- 將已晾乾的葡萄放入發酵罐中，用手捏碎出汁。再榨汁讓果汁與果渣分離，最後果汁可先加熱到 60～70℃殺菌。

- 如果釀醋過程中要先加糖，則取一滴葡萄汁，用糖度折光計測糖度，25 度減葡萄汁糖度，即為須補糖糖度，若沒有糖度計就大概用材料所列的砂糖量，應該誤差不大。

- 將榨好汁的 600cc 葡萄汁加入 250cc 釀好的葡萄酒中，拌勻。

- 醋酸發酵接種醋酸菌時，醋酸發酵醪的醋酸含量須在 1 度以上，若酸度過低，產膜酵母會侵入，使發酵失敗（接種量至少 10% 以上，越多越好，發酵越快，初學者最好用 50% 接菌種量，較容易成功）。

- 所以種醋量不足時，要添加既成的醋，以增加其酸度。

- 醋酸發酵期間，溫度應保持在 30℃ 左右，並通以乾淨的空氣。約經過 20 ～ 40 天發酵即結束（最好直接以測酸度來觀察發酵是否完成）。

注意事項

- 釀醋原料經過 60 ～ 70℃ 加溫，使原料內多數雜菌殺滅，而且使蛋白質及膠質物能凝結而出。
- 如果原料中葡萄酒的酒精含量太高，則可用乾淨的純水或冷開水稀釋至酒精含量 5 度。
- 一般葡萄酒醋酸發酵的製程是以靜置發酵（表面發酵）為主，將葡萄酒酒醪放入陶甕、玻璃罐、木桶中，桶上口設有通風洞，裝入原料發酵醪液的量為桶高的四分之三高度。（廣口發酵較佳）
- 發酵溫度，室內溫度保持在 25℃ 左右。品溫會高 2 ～ 3℃ 左右。
- 醋酸菌大量生長繁殖後，發酵液面會形成薄薄的皮膜。
- 發酵期約 30 ～ 50 天，醋酸發酵即成熟。

- 取出發酵桶內醋液的一半量，其餘仍留在桶中。取醋汁後的一星期內，每日回補抽出量的七分之一量，分批補回新的稀釋葡萄酒酒液於桶中，加入時盡可能不使表面菌膜受到攪動，新的葡萄酒汁投放到菌膜下面。以後比照前法反覆進行。此方法若沒控管好，比較容易污染，醋種也較容易產生變異。
- 如果能在釀醋原料滅菌後，直接接種人工培養的純醋酸菌種，可以使醋的生產量及品質提高。
- 釀醋用的葡萄酒原料在發酵桶中或缸中的深度，對發酵氧化的速度及產量有很大的影響，它的深度在 25 公分處最佳。
- 葡萄酒醋成分中，總酸為 5 ～ 6 度，不揮發酸較高，還含有少量的酒精、糖、氨基酸等成分。

RECIPE

−桑椹醋−

釀造醋的家庭製作法

197

每年四月清明節期間是桑椹的盛產期，由於目前在品種上加以改良後，不管是在甜度、顆粒大小、形狀都優於以前。民間普遍拿較甜的品種鮮食，次級品則做果汁、果醬及釀酒、釀醋。桑椹醋是非常流行的食醋之一，桃園、花蓮、台南的農民種植相當多，且品質良好，用來釀酒、釀醋或用浸泡的方式製醋，都是很好的選擇。

在食療養生的考量上，桑椹是中老年人健體美顏、抗衰老的佳果與良藥。常食桑椹可以明目、緩解眼睛疲勞乾澀的症狀。桑椹也具有免疫促進作用。桑椹對脾臟有增進作用，對溶血性反應有增強作用，可防止人體動脈硬化、骨骼關節硬化，促進新陳代謝。它可以促進紅細胞生長，防止白細胞減少，並對治療糖尿病、貧血、高血壓、高血脂、冠心病、神經衰弱等病症具有輔助功效。桑椹具有生津止渴、促進消化、幫助排便等作用，適量食用能促進胃液分泌，刺激腸蠕動及解除燥熱。一般成人適合食用，女性、中老年人及過度用眼者更宜食用，少年兒童則不宜多吃桑椹。因為桑椹內含有較多的胰蛋白酶抑制物——鞣酸，會影響人體對鐵、鈣、鋅等物質的吸收。

| 成品份量 |　500cc

| 製作所需時間 |　1 ～ 3 個月

| 材料 |
- 新鮮桑椹 1 台斤（600g）
- 砂糖 2 兩（75g）（如果桑椹汁糖度在 12 度以上就不需加糖）
- 水果酒用酵母 0.5g（釀造時才要加，浸泡時就不需要加）
- 醋酸菌種 60cc

| 工具 |
- 發酵罐（1800 cc）1 個
- 封口布 1 個
- 塑膠袋 1 個
- 橡皮筋 1 條

| 步驟 |

- 釀造的桑椹醋是以品質較差的新鮮桑椹和桑椹酒渣作為釀出好的桑椹酒或次級桑椹酒原料。如果是以新鮮桑椹為原料時，則需先將桑椹前置處理好，先用糖度計測量桑椹汁糖度，用糖度 25 度減去桑椹汁糖度，等於須補足的糖度，換算成需加入的冰糖或砂糖量。

- 砂糖加水，用小火煮融化。砂糖水放冷至30℃時，倒入發酵罐中。或不必溶糖，直接倒入發酵罐中。

- 酒用水果活性乾酵母菌依程序活化復水備用。

- 將酵母菌放入發酵用酒缸（或櫻桃罐）中。

- 第一天用封口棉布封口，採好氧發酵。

- 第二天起改用塑膠布蓋好罐口，採厭氧發酵，外用橡皮筋套緊，約45天即可開封飲用。

- 釀成桑椹酒或將直接將桑椹汁加適當的酒精變成桑椹酒,最後再調整酒度至 5 度左右,才接純醋種,靜置發酵變成食醋。

注意事項

- 一般釀醋原料最好經過 60 ～ 70℃加溫滅菌,殺滅原料內的多數雜菌,而且使蛋白質及膠質物能凝結而出。
- 如果原料中桑椹酒的酒精含量太高,則可用乾淨的純水或冷開水稀釋至酒精含量 5 ～ 9 度。
- 一般桑椹醋酸發酵的製程是以靜置發酵(表面發酵)為主,將桑椹酒醪放在陶甕、玻璃罐、木桶中,桶上口設有通風洞或蓋上通風的乾淨布,裝入原料發酵醪液量為桶高的四分之三高度。
- 發酵溫度,室內溫度保持在 25℃左右。品溫會高 2 ～ 3℃左右。
- 醋酸菌大量生長繁殖後,發酵液面會形成薄薄的皮膜。
- 發酵期約 30 ～ 50 天,醋酸發酵即成熟。
- 取出發酵桶桶內醋液的一半量,其餘仍留在桶中,取醋汁後的一星期內每日回補抽出量的七分之一,分批補回新的稀釋桑椹酒液於桶中,加入時盡可能不使菌膜受到攪動,新的桑椹酒汁投放流入到菌膜下面,以後照前法反覆進行。
- 如果能在釀醋原料滅菌後,直接接種人工醋酸菌種,可以使醋的生產量及品質提高。
- 釀醋用的桑椹酒在桶內或缸內的深度,對發酵氧化的速度及產量有很大的影響,深度在 25cm 時最佳。

RECIPE

＝檸檬醋＝

在台灣檸檬是一種非常普遍的水果，除了可做鮮食果汁、調製飲料外，常用於料理或釀造醋，用在釀酒則較少。檸檬比起其他蔬果有耐儲耐運的特性，在鮮果的管銷上具有一般農產品少有之優勢。

全台檸檬種植面積約 1700 公頃，其中 80％集中在屏東縣，屏東縣以九如鄉栽種面積最廣。檸檬經過產期調節，全年均可生產，其盛產期為六、七、八月。

檸檬富含檸檬酸等有機酸、維生素 C 與纖維，果皮含精油是芳香來源，是健康、美容聖品。主要是檸檬汁偏酸，容易使酸度抑制酵母菌而不容易發酵，如果用鹼性物質去調整果汁，又會使風味不正宗。

所以早期都用阿嬤的一層檸檬一層糖的釀酒方式來釀酒，最後如果發酵沒變成檸檬酒，至少是酸甜的檸檬汁或檸檬蜜餞，或是直接變成醋，最後直接用冰水去稀釋非常好喝。

| 成品份量 | 400cc | 製作所需時間 | 1 ～ 3 個月 |

材料
- 檸檬 1 台斤（600g）
- 砂糖 4 兩（150g）
- 水果酒用酵母 0.5g（釀造時才要加，浸泡時就不需要加）
- 醋酸菌種 60cc

工具
- 發酵罐（1800 cc）1 個
- 封口布 1 個
- 塑膠袋 1 個
- 橡皮筋 1 條

- 將檸檬切片（或榨汁，只用檸檬汁），放置於發酵罐中備用。

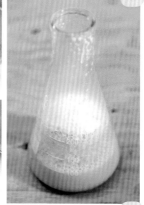

- 酒用水果活性乾酵母菌依程序活化復水備用。

- 用糖度計量檸檬汁的糖度，不足糖度 25 度的部分，用砂糖補足。

- 酵母菌放入發酵酒缸（或櫻桃罐）。

- 砂糖加水用小火煮至融化。砂糖水放冷至 30℃ 倒入發酵罐，攪拌均勻。或直接將糖（不必溶解）直接倒入發酵罐。

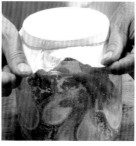

- 第一天用封口棉布封口，採好氧發酵。

▪ 第二天起改用塑膠布蓋好罐口，採厭氧發酵，外用橡皮筋套緊，約 45 天後，即可開封飲用檸檬酒。

▪ 如果要從釀造酒轉成釀造醋，在酒持續發酵 1 個月後就可以先榨汁過濾。如果有檢測酒精度的儀器，最好能精準測量，沒有檢測設備就直接用經驗判斷。此時酒精度約在 12 度左右，先用冷開水 2 ～ 2.4 倍的量稀釋水果酒酒精度至 5 度，再加入十分之一的醋酸菌種。

▪ 蓋上封口布採靜置好氧發酵約 20 ～ 50 天左右。

RECIPE

=李子醋=

　　李子也是端午節前後的季節產品，目前品種以加州李最討喜。因為果汁顏色為紫紅色，最後的成品非常好看。果子成熟時，汁特別多而甜，微酸的部分釀成果汁、酒或醋有加分效果。小時候也常吃到李子蜜餞，喝到李子醋。處理李子時，要注意別被色素沾到，會染色造成衣服很難洗。通常外表洗乾淨後，去蒂頭，擦乾，外皮劃幾刀即可。

成品份量	400cc

製作所需時間	1 ～ 3 個月

材料

- 李子 1 台斤（600g）
- 砂糖 2 兩（75g）（如果李子汁糖度在 12 度以上就不須加糖）
- 酒用酵母 0.5g（釀造時才要加，浸泡時就不需要加）
- 醋酸菌種 60cc

工具

- 發酵罐（1800 cc）1 個
- 封口布 1 個
- 塑膠袋 1 個
- 橡皮筋 1 條

步驟

1. 將李子洗乾淨，去蒂頭，擦乾或晾乾、劃刀（或用榨汁，只用李子汁），放置於發酵用罐備用（釀造李子酒，採整粒釀造或榨汁釀造皆可，若浸泡時是整粒用，不須榨汁）。

- 用糖度計測量李子汁糖度，用糖度25度減去李子汁原有的糖度，等於須補足的糖度，換算成需加入的砂糖量。

- 砂糖加水，用小火煮融化。砂糖水放冷至30℃時，倒入發酵罐中。或不必溶解糖直接就倒入發酵罐中。

- 酒用水果活性乾酵母菌依程序活化復水備用。

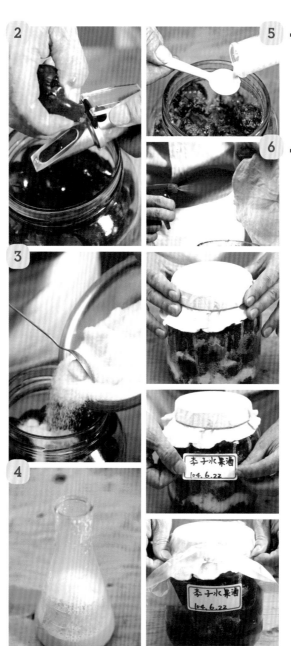

- 將酵母菌放入發酵用酒缸（或櫻桃罐）中。

- 第一天用封口棉布封口，採好氧發酵，讓外加的水果酵母菌能快速增殖形成優勢菌種。第二天起改用塑膠布封好罐口，採厭氧發酵，強迫酵母菌開始發酵工作，外用橡皮筋套緊密閉厭氧。

- 約 30 天後，即可開封釀成李子酒。再經過濾澄清、調整酒精度，加入酸酸菌發酵成李子醋。

- 若要從釀造的酒轉成釀造醋，在酒持續發酵 1 個月後就可以先榨汁過濾。如果手上有檢測酒精度儀器，最好能精準測量，如果沒有檢測設備，直接用經驗判斷。此時酒精度約 12 度左右。先用冷開水 2～2.4 倍量，稀釋水果酒酒精度至 5 度，然後再加入十分之一的醋酸菌種。

- 蓋上封口布。釀造醋發酵時需要大量氧氣幫助發酵，故直接採靜置好氧發酵。發酵 20～50 天。

RECIPE

=橘子醋=

　　柑橘類的水果由於橘皮含有精油，香氣十足，非常適合釀酒、釀醋及料理應用。但有些人不喜歡水果成熟後的臭黃味而裹足不前，台灣曾因水果生產過剩而導致果農大崩盤，開放民間釀酒後，新竹縣芎林鄉就有人拿柑橘類來釀酒，商品名就叫大吉大利酒，過年時特別適合送禮，也不容易壞。後來台灣菸酒公司也曾在過年時推出橘子容器造型裝的酒，送禮很討喜。

　　用柑橘來釀醋，主要要將橘皮的香氣帶入，如果只有用果肉來釀醋會香氣不足，但橘皮的精油用太多又會出現苦味，兩者之間的拿捏很重要。

| 成品份量 | 600cc |

| 製作所需時間 | 3 個月 |

| 材料 |
• 橘子 1 公斤（連皮 1000g）
• 砂糖 2 兩（75g）
• 酒用酵母 0.5g（採用釀造時才要加，浸泡時就不需要加）
• 醋酸菌種 60cc

| 工具 |
• 發酵罐（1800 cc）1 個
• 封口布 1 個
• 塑膠袋 1 個
• 橡皮筋 1 條

- 將柑橘（椪柑）剝皮（或榨汁，只用柑橘汁），放置於發酵罐中備用。

- 用糖度計量柑橘汁的糖度，不足糖度 25 度的部分，用砂糖補足。

- 砂糖加水，用小火煮融化。砂糖水放冷至 30℃時，倒入發酵罐中，攪拌均勻。或直接將糖（不必溶解）直接倒入發酵罐中。

- 酒用水果活性乾酵母依程序活化復水備用。

- 再將酵母菌放入發酵酒缸（或櫻桃罐）中。

- 第一天用封口棉布封口，採好氧發酵。第二天起改用塑膠布蓋好罐口，採厭氧發酵，外用橡皮筋套緊，約45天即可開封飲用橘子酒。再經過濾澄清、調整酒精度，加入酸酸菌發酵成橘子醋。

- 若要從釀造的柑橘酒轉成釀造醋，酒持續發酵一個月後可

以先榨汁過濾，如果手上有檢測酒精度的儀器，最好能精準測量，沒有檢測設備就直接用經驗判斷，此時酒精度約12度，先用冷開水2～2.4倍量稀釋水果酒酒精度至5度，再加入十分之一的醋酸菌種。

- 蓋上封口布，採靜置好氧發酵。發酵20～50天左右。

穀類醋的
釀造方法

傳統米醋及現代米醋做法

　　米醋在大陸南方各地十分普遍，於夏天開始釀製。在台灣，米醋也是釀造醋的主流，基本釀醋方法請看後面的〈台灣家庭釀造米醋實務篇〉，在此先介紹大陸的方法供讀者參考、學習與對照。

大陸傳統釀造米醋做法

1. 以碎米浸水 3 天，每天換 1 次水。
2. 入鍋蒸大概需 3 小時，蒸畢倒入甕中，並加入沸水，於甕外用草包裹（保溫作用），它會自然發熱。
3. 大約經過 20 天，再移入缸中並加入生水（釀醋完成時會再滅菌），得隨時加以攪拌，等它發酵。
4. 攪拌的時間和次數，隨溫度高低而定，最高溫大約 40℃，如此十多天後液面就會產生薄膜。
5. 當品溫漸降，則 3 日攪拌 1 次，米粒完全下沈之時，即可停止攪拌。
6. 將其靜置 3 個月熟成。若表面生成白色皮膜成皺摺狀，便要攪拌壓榨以得醋液，然後煮沸即可。

大陸現代釀造米醋做法

1. 用米麴作糖化劑，用量大概為蒸米的 30%。

2. 用水量是蒸米的 200 ～ 300%。

3. 糖化溫度是 60℃。

4. 酵母的酒精發酵是 20 ～ 25℃，在末期時要控制成 35 ～ 38℃。

5. 此時加入種醋，使其進行醋酸發酵。

6. 種醋用量是醋醪量的 8 ～ 20%。

7. 最後再經過 2 ～ 3 月的貯藏熟成陳釀。

〈備註〉日本傳統的釀醋作法亦雷同，用米麴菌來當糖化菌，與台灣用根黴菌當糖化菌稍有不同。酵母是指酒用酵母菌，只是有些是用純的酒用酵母菌（粉），有些是用預先發酵擴大培養的酵母。

RECIPE

= 酒糟醋 =

以穀類為原料的釀造酒糟，都可以是製醋的原料，主要是降低成本或能增加特殊的風味或香氣。不管是壓榨過的酒糟或是蒸餾過的酒糟，或多或少都會殘留酒精，就足夠讓醋酸發酵時使用。如鎮江醋就是以紹興酒糟為原料。如果用酒糟製醋者，必須將酒糟放在暗處密閉貯藏一段日子，如此做有利酵素作用，使糖分、有機酸類、可溶性含氮物質等增加，對於醋的風味及製成都有幫助。

| 成品份量 | 共 600 ～ 900g

| 製作所需時間 | 3 ～ 6 個月

| 材料 | ・米酒糟 1 台斤（600g）

・米酒麴 6 ～ 10 g（依酒麴品種不同添加量會有變動，若用「今朝」強化酒麴 3g/ 台斤即夠足量）

・冷開水　600 ～ 900g

・醋酸菌種 100cc

| 工具 | ・發酵罐（1800 cc）1 個

・封口布 1 個

・橡皮筋 1 ～ 2 條

1　製造時，酒糟加水成漿狀。可重新加入酒麴發酵或只加水讓它自然發酵。

2　於室溫中經過 7 ～ 10 日再發酵，而且每日要攪拌 1 ～ 2 次。

3　這時因為酵母和細菌作用而使得酒精及酸量增加，加水量也隨製品的優劣而有不同，當然也有加適量的酒精來代替水的情況。

4　發酵完全後要壓榨，並在濾液中加入其他副原料。

5　同時加熱到約 70℃ 殺菌，在適當溫度下注入種醋進行發酵。

6　種醋和醋醪的混合比例為 1：1 和 2：3，醋醪的酸度則在調整在 2 度以上，會較為安全。

7　剛開始溫度會稍微下降，隨後會因菌膜的發生而上升到 38 ～ 40℃，如果達到 44℃ 時會對醋酸菌有害，進而妨礙醋化。

8 所以品溫高時，要加以攪拌以破壞表面的菌膜，使品溫能下降。一般維持在 36 〜 38℃左右較為適宜。

9 當發酵接近尾聲，品溫即開始下降，在酒精含量殘留達 0.3 〜 0.4 度時，主發酵便告完成。

10 這時可在常溫下調節溫度，又為了防止液面有菌膜產生，應該要常常攪拌，如此，約經過 3 〜 6 個月，酸度可以增加 0.1 〜 0.3 度，香味也趨於圓潤熟成。

11 再經過濾殺菌，即得製品。

= 台灣家庭釀造米醋 =

　　米醋是最實用，用途最廣的基礎醋，一般沒滅過菌的米醋都可以當菌種，接菌種到水果酒就發酵成水果醋，或許初期風味無法完全無瑕疵，只要經過二代生產及擴大培養，就會達到所需的水果醋種風味。特別注意酸度是否達到 2 度以上才可以擴大培養，否則接菌種過去後容易造成畸形發酵及污染狀況。

 材料

- 醋種 100 cc
- 過濾好釀造未蒸餾的米酒汁（酒精度 5 度）1000 cc（做法參考 P70）

工具

- 玻璃罐（1800 cc）1 個
- 封口布 1 個
- 記錄用瓶標貼紙 1 張

步驟

- 將櫻桃玻璃罐洗淨晾乾，然後倒入已釀造好且經過濾調整好酒精度 5 度未經蒸餾的米酒汁 1000 cc。（若無準確的酒精測量計時，可用經驗判斷。如果米酒發酵已經 7 ～ 12 天，且發酵中的酒液已呈清澈透明狀時，其酒精至少在 9 ～ 12 度左右，所以抽出的澄清酒液稀釋 1 倍即可使用。例如抽出 500 cc 發酵的上面澄清液，另加入 500 cc 的冷開水混勻即可做成醋醪）

2 ‧ 加入醋種 100 cc（釀醋原料量的十分之一量以上，醋種越多越好），並同時與酒精度 5 度的米酒汁攪拌均勻（往後皆不需要再攪拌）。

3 ‧ 用棉布封口，讓櫻桃罐內透氣，而且又能防止異物或蚊蠅掉入（進行好氧發酵）。

4 此後皆採靜置培養，並在 30℃ 的溫度下保溫培養 14 ～ 21 天。

5 每日觀察玻璃罐內的變化，如果溫度條件對時，約第三天表面會產生一層薄膜，然後表面薄膜會變成橫隔膜狀，偶爾表面會產生氣泡，酸度會隨著時間一直不斷的產酸。

6 如果表面出現綿蜜皺摺的白色菌膜，請輕輕將表面雜菌膜刮乾淨，並用 75 度酒精噴灑滅菌，可抑制白色菌膜產生，噴灑在菌膜表面上多餘的酒精不會影響醋酸發酵，但是會被醋酸菌氧化成醋酸。每次如有污染時，須連續 3 天相同處理，並將封口布換新才能達到去除效果。

7 如果發酵培養酸度產生達到 2 度以上時，即可做菌種再複製繁殖，最高一次可將醋醪擴大到 10 倍量。此時也可當半成品繼續發酵，等到酸度達到 4.5 度時才直接調整糖度、酸度、色澤，最後變成成品直接飲用。

8 一般發酵酸度在 6 度時，就差不多會停止產酸，最高的產酸度大約是 9 度左右。（我培養過的酸度最高達 11 度左右）

9 成品封裝前均需滅菌處理，隔水加熱到 85℃（指醋液），殺菌 35 分鐘。

- 目前市面上賣的醋酸飲料酸度大約在 4.5 度左右，飲用時皆須加冷開水稀釋。
- 也可以將原料中的米酒汁 1000 cc 改用其他原料酒液，或用現成的穀類釀造酒成品，或用水果釀造酒成品。記得一定要先在釀醋前降度，也就是調好整個原料的酒精度到 5 度，再接醋種。（稀釋的酒精度，是原料總平均的 3 ～ 6 度皆可使用，我建議每次都調整到酒精度總平均 5 度，最容易成功，可減少成品最後的酸度。）
- 醋酸菌較易污染其他釀造用的微生物菌種，所以培養的設備器材最好單獨使用，並要滅菌乾淨。
- 再擴大培養時，原始醋醪液種最多抽出 85% 液體，留 15% 做醋種，不要去破壞表面菌膜，用矽膠軟管從旁插過表面菌膜，從底部抽出培養好的醋液或添加新的醋原料。

擴大發酵缸噴酒精殺菌

取 1/2 的原培養液醋酸菌種

也可將醋膜加入擴大發酵缸

倒入新的醋膠

封口布噴酒精殺菌

綁緊封口布採好氧發酵

RECIPE

=紅麴醋=

紅麴醋是很好的養生醋，如果培養年份拉長，會有獨特醬香味，酸味很協調。不管你是用福州紅麴酒或是用客家紅麴酒來釀醋，初期會有些差異性，但陳釀三年後，兩種的味道與濃度都雷同。

| 成品份量 | 1500g | 製作所需時間 | 30 ～ 90 天 |

材料

- 圓糯米 1 台斤（600g）
- 今朝紅麴米 60g（釀造用紅麴米，非色素用紅麴米）
- 冷開水（900 cc）或 20 度米酒 600cc
- 醋酸菌種 100cc

工具

- 發酵罐（1800 cc）1 個
- 封口布 1 個
- 橡皮筋 1 條

要領

- 加冷開水發酵：加入的紅麴米量，為生糯米總量的 10%，即 600g 生糯米配 60g 釀酒用紅麴（生的圓糯米 1：酒用紅麴米 0.1），冷開水用 1.5 倍水，即加 900cc。
- 加 20 度米酒發酵：加入的米酒量，為圓糯米 1 台斤加 20 度米酒 600 cc，米酒要分三次量加入（一次 200cc）（生的圓糯米 1 台斤：20 度米酒 1 瓶 600 cc）。

步驟

- 先將 1 台斤圓糯米浸泡（依溫度情況自行調整浸泡時間）、瀝乾、以加水量 0.7 ～ 1 倍方式蒸熟或炊熟。

- 將糯米飯攤涼至 35℃ 左右，加入 20 度米酒 200 cc（或直接加入與紅麴米先拌勻的溶解紅麴水 900cc），攪拌均勻，同時將飯粒打散。

- 加入酒用紅麴米 60g，攪拌均勻，多拌幾次顏色會更深。

- 放入甕中發酵，用噴過酒精的紙巾擦拭瓶口，並蓋好蓋子或用消毒過的布封口，以防止昆蟲侵入，放在家中陰涼處發酵。

▪ 第二天再加入20度米酒200cc，用乾淨筷子上下翻攪紅麴酒醪一次。第三天，再加入20度米酒200cc，再翻攪一次。注意攪拌容器要消毒乾淨。之後每天攪拌一次連續7天，再靜置發酵約10～15天後即發酵完成。

▪ 客家紅糟嘗起來有濃濃的甜味及酒香味，且顏色應呈自然鮮豔的紅色。最後可以用壓榨的方式將液體與糟分離，

液體經幾天（7～10天）的沉澱就會澄清，取其澄清液就是紅麴酒。此時的酒精度大約在11～14度左右。

▪ 要從釀造的紅麴酒轉成紅麴醋，先將酒榨汁過濾，如果手上有檢測酒精度儀器，最好精準測量，沒有檢測設備就用經驗判斷，此時酒精度約為12度，用冷開水2～2.4倍量稀釋紅麴酒酒精度至5度，再加入十分之一的醋酸菌種。

紅麴醋初期發酵情形

- 蓋上封口布，採靜置好氧發酵。發酵 20 ～ 50 天左右。

注意事项

發酵觀察

- 不管用哪種酒用紅麴，一定要用活菌的紅麴，有些紅麴是色素用的紅麴，常是死菌，無法讓糯米產生酒精，只是染色用，千萬要注意。
- 發酵時先加入米酒的作用是在幫助發酵初期減少雜菌污染，增加發酵成功率及增加紅糟風味。一般紅麴菌的最佳耐酒精濃度在 6 度左右，故添加米酒時，一定要分三次加，以避免酒糟中的總酒精濃度太高時影響發酵的可能性，甚至會遏阻發酵。一般人一次就加入整罐 20 度米酒還是會成功，但風險較大，我的方法是分三次加酒而不會失敗。
- 蒸飯要熟透有 Q 度，但不要爛，出酒率才會較高，而且客家紅糟風味較完整。
- 糯米用長糯米或圓糯米皆可，只是圓糯米會產生較多的甜感，一般人皆使用圓糯米。
- 酒液轉成醋時，最好都先過濾澄清再接醋種，較不會污染而失敗。如果連酒醪中的酒糟一起接醋種發酵，沒先做 70 度滅菌步驟的話，將來處理污染的機會會增多。

風味判斷

- 一般自製的客家紅糟，酒精度不高很協調，味道較醇厚綿甜，沒辛辣味。如果是用冷開水幫助發酵的福州紅麴，酒精度雖然會較高，但會少了醇厚的風味。兩種方式都可以用來釀醋。

釀造醋的家庭製作法

其他類醋
的釀造方法

　　除了穀物醋及水果醋兩大類外，只要可食用原料釀的醋，都可以歸類在其他醋類，生產過程或變化都是大同小異，主要差異在原料的選擇與處理，可天馬行空地去釀製成醋品，但實務上要注意是大家可接受的產品，才算是值得開發的醋。不管是釀造，或是浸泡，或是再製，或是調和，一定要先確保原料及生產過程安全，再去強調其他訴求與特殊性。

RECIPE

= 蜂蜜醋 =

蜂蜜醋是一個非常討喜的醋品，不論是用釀造成醋或是用浸泡方式成醋，成品都是老少咸宜。蜂蜜醋的重點是蜂蜜原料的選擇，台灣一般偏好龍眼蜜，百花蜜 (雜蜜) 次之。由於蜂蜜糖度在 55 度至 75 度，不容易壞，只要將先釀好的米醋 (基醋) 加入一定量的蜂蜜混勻，讓它在相當時間裡融合，將會成為人見人愛的蜂蜜醋。夏天用玻璃杯裝幾塊冰塊，蜂蜜醋不必稀釋直接淋在冰塊上，即成為最佳飲品。

| 成品份量 | 2000cc | 製作所需時間 | 1.5 ～ 3 個月 |

材料
- 蜂蜜 1 台斤（600g）（蜂蜜糖度約 55 度）
- 熱水 1320 ～ 1500cc（蜂蜜量的 2.2 ～ 2.5 倍）
- 酒用酵母 1g（採用釀造時才要加，浸泡時就不需要加）
- 醋酸菌種 200cc

工具
- 發酵罐（1800 cc）1 個
- 封口布 1 個
- 塑膠袋 1 個
- 橡皮筋 1 條

步驟

- 蜂蜜秤重、測糖度，放置於發酵罐備用。

- 先用糖度計測量蜂蜜糖度，用蜂蜜糖度 55 度除以預定發酵糖度 25 度，為 2.2 ～ 2.5 倍的量，即是換算成需加水的調糖。

- 將換算好要稀釋的水加熱煮滾，倒入放好蜂蜜的發酵罐。用滾水將蜂蜜殺菌，順便稀釋蜂蜜汁調整糖度，邊倒熱水邊攪拌均勻，再用餘熱將雜菌及酵素殺死。

- 酒用水果活性乾酵母菌依程序活化復水備用。

- 先放涼降至 30℃，再將已先活化好的酵母菌混勻，放入發酵用酒缸（或櫻桃罐）。

- 第一天用封口棉布封口，採好氧發酵。第二天起改用塑膠布蓋好罐口，採厭氧發酵，外用橡皮筋套緊，約45天即可開封、過濾澄清、飲用或轉作醋用。

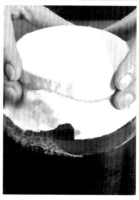

- 若要從釀造的蜂蜜酒轉成蜂蜜醋，在蜂蜜酒過濾後，如果有檢測酒精度儀器，最好能精準測量，如果沒有檢測設備，直接用經驗判斷此時酒精度約在12度左右。先用冷開水2～2.4倍量稀釋水果酒酒精度至5度，然後再加入十分之一的醋酸菌種。

- 再蓋上封口布，採靜置好氧發酵。發酵20～50天左右。

- 另一種做法是直接用現成蜂蜜加入 6 度基醋，利用蜂蜜加入的量來調整至酸度 4.5 度（例如酸度 6 度基醋 600cc，加入 200g 的蜂蜜，即可調出），陳放一段時間讓基醋與蜂蜜溶合，最後蜂蜜醋成品的味道非常協調而香醇。

RECIPE

= 紅茶菇 =

（茶醋）

　　紅茶菇（菌）的菌膜酷似海蜇的皮，所以又被稱為「海寶」，也由於紅茶菇能幫助消化，治療多種胃病，所以有些地方也稱為「胃寶」，又因為紅茶菇是由紅茶水、白糖釀成含有酵母菌、醋酸菌、乳酸菌共生的菌液，而稱為「紅茶菌」，是傳統的活菌飲料，含有對人體有益的物質。其本身的酸度能抑制有害細菌的生長，對人體健康非常有益。日本專家曾研究出紅茶菌液有 28 種功效，尤其對萎縮性胃炎、胃潰瘍疑難病及多種慢性疾病有很好的改善作用，而且還有調節血壓（降血壓）、改善睡眠（神經衰弱）和更年期功能障礙、預防治療各種疾病及延年益壽的效果。

　　發酵成熟後的紅茶菌，它的菌母晶瑩剔透，醋液酸甜可口，風味獨具，男女老少都適宜，沒有醋酸菌的濃烈醋味。它比其他酸性飲料更營養，保健功效更多，副作用更少，是一種純天然祛病的保健飲品。

材料	• 紅茶 6g（或改用普洱茶、鐵觀音、烏龍茶、綠茶、花茶及茶末也可）
	• 白砂糖 30 ～ 240g（白砂糖、冰糖最好，蜂蜜、紅糖、葡萄糖也可）
	• 水 1200 cc（要煮沸後再用）
	• 紅茶菇菌種 120 cc（醋種液或約一姆指大的菌塊）

工具	• 櫻桃罐玻璃瓶（1800 cc的容量）（裝培養液體最多裝到八分滿）
	• 封罐口棉布或紗布 1 條
	• 橡皮筋 2 條

- 將櫻桃罐洗淨，最好消毒、晾乾，不要用抹布擦以免帶入雜菌，不要碰到油漬。

- 1200 cc 水煮滾，放入 6g 紅茶煮 3 分鐘，撈起茶渣加入砂糖 30 ～ 240g 煮滾，砂糖溶解後熄火放涼。（如果不要紅茶汁太濃，先將紅茶渣濾出，以免紅茶汁太苦。最好先將茶煮好撈出，再加入糖溶解。紅茶菇的茶水最好比一般喝的

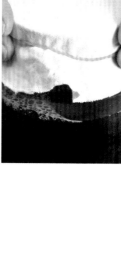

茶水再淡些，不一定用紅茶，其他茶種也可以。重發酵茶種最好。）

- 煮開的紅茶糖水直接倒入櫻桃罐，並蓋上遮罐口棉布，圈上橡皮筋。（此步驟一方面將茶糖水放涼，一方面等於進行玻璃罐的高溫滅菌。）

- 等紅茶糖水
在櫻桃罐中
放涼，溫度
降至 30 ～
35 ℃ 時，
打開遮罐口
布，將紅茶
菌種（塊）
加入紅茶糖
水中，攪勻
或搖勻。

4 待紅茶菌生長、繁衍到一定數量時（菌膜蓋住液面），約 1 星期左右發酵成酸甜茶液即可飲用，味如酸梅湯汁。

5 茶液喝完前，須先從發酵好的茶液中留下十分之一的量當菌母，也可繼續如上法培養茶液，循環不絕。

6 紅茶菌液為酸性飲料，對金屬性材料有微弱的溶解作用，所以生產器具最好採用玻璃或表面均勻光亮又潔淨的陶瓷器皿。

- 可放在光線好的地方以便於觀察，要通風發酵，但不可日曬，不可搖動攪拌。
- 3～4 天後，玻璃罐底生出淡色纖毛（不明顯，不一定看到），液面會長出海蜇皮似的菌膜。培養過程有些會產生許多小氣泡。
- 如果培養溫度在 25～30℃ 之間，需 4 天左右即可形成。溫度在 15～25℃ 之間，需 6 天左右即可形成。溫度 15℃ 以下，約需 8 天即可形成。
- 檢驗紅茶菌是否製作成功的最好辦法，只要新的紅茶菌液面開始長一層透明的膠狀質皮膜就算成功。
- 茶液中生成的菌塊會有多層狀，下層較嫩而鮮，適宜做菌種。良好的菌母會浮在液面上，呈乳白色半透明膠質菌塊，培養液氣味為酸甜。如菌塊上呈紅綠色即表示受到污染，培養液不能飲用。
- 當老的菌種變黃發黑後，可撈起丟棄，以便讓新菌種生長快速。

- 為了保持菌液中酵母菌及乳酸菌的活性，培養後的菌液應以隨取隨喝為原則。如果裝入瓶內，會因密閉繼續發酵產生二氧化碳而造成爆瓶。
- 為了避免菌液過酸，刺激胃酸，甚至引起併發性的酸中毒，可用冷開水沖稀菌液飲用，但忌用冰水。
- 每人每天可飲用 3 次，每次飲用 250～300 cc，也可增加次數。最好加入 2 倍冷開水沖淡飲用，使菌液甜酸可口。
- 紅茶菌是多種保健機能性飲料，飲用後無副作用，但有些初次飲用者就像很少喝茶的人一樣，一喝茶有時會產生副作用，如興奮、失眠、胃酸、輕度腹瀉、皮膚發癢等。如持續飲用，大多症狀會自然消失。

| 徐老師的叮嚀 |

- 製作紅茶菌（菇）培養液的黃金比率（依此比率放大生產量）：
  低糖：茶：糖：水＝1：5：200 （即紅茶1g＋砂糖5g＋水200cc）
  標準糖：茶：糖：水＝1：40：200（即紅茶1g＋砂糖40g＋水200cc）
- 培養溫度控制在 25 ～ 30℃。
- 每批培養 7 天以上，風味較佳。
- 若有污染出現，倒掉並清洗容器滅菌，重新用新原料再接種一次。
- 因紅茶菇的菌種以醋酸菌為主，所以歸類在此，一般也俗稱為茶醋。
- 因為茶原料的不同，會產生顏色不同的紅茶菇，但在主體風味上是不變的。培養時要好喝，一定要讓它澄清，取上層澄清液當成品。酸度並沒有太大要求，酸度在 1 度時就可以好好享受它的風味。越放會越酸，飲用時，用相同比例的茶水稀釋，茶香味會更濃郁。

RECIPE

= 椰果 =

椰果（Nata）的原意是指浮在液體上的皮，生產的主要原料是椰子、鳳梨、各種天然果漿、蕃茄，以及任何適應膠膜醋酸桿菌生長的甜性或酸性營養物質。台灣早期，大部分人誤以為椰果是用椰子的果肉製成，又因為是最早被引進且數量最多的椰果產品，所以只要性狀相同或雷同的產品都簡稱為椰果。

早在一百多年前的菲律賓，有人利用椰子水生產椰果，近年來在東南亞一帶，尤其是泰國及中國海南省生產椰子的數量相當多，常用於果凍、罐頭、軟糖、流質飲料，或添加於冰品、水果沙拉、水果酒、雞尾酒中，以增加口感嚼勁，滿足飽食感，成為一種天然發酵的高纖維食品。其食用價值在於整腸效果，因為椰果是一種多醣類纖維素，有很高的保水力，對陽離子有結合和交換能力，對有機毒物有吸附作用，能改變人體腸道系統的微生物群系生化特性，有很好的保健和生物調節作用，也能調節血糖值、抑制胰高血糖素分泌、預防糖尿病、調節血中脂質效果、防止肥胖、降低血壓。

椰果其實是醋酸菌（Acetobater xylinum 木質醋酸菌）所產生的纖維層，它是通過微生物的作用，將椰子水或其他天然果漿經發酵培育，再精製而成的乳白色或透明凝膠狀厚膜，是目前天然纖維中發現最細的一種，也是一種食物纖維，保水力可達 25 倍，它的纖維層會隨著培養時間增長而增厚、增硬。由於這種纖維很難被人體消化吸收，吃了有飽足感而減少食量，所以市場上很多人拿它當作低熱量的減肥食品。也有人認為吃了這種食物纖維可增加糞便體積，可促進胃腸蠕動、幫助排便、稀釋毒物及防止便秘。

其生長機理是通過酵母菌、醋酸桿菌、乳酸菌這三種不同的微生物，在互惠共存的情況下，以醋酸菌為主體，分泌出許多細小纖維所形成的一種集合體，它能以生物學上的共生狀態來進行代謝作用。

一般發酵培養的做法是，在椰子水中加入 2% 的冰醋酸、15% 的砂糖，煮沸後放涼，然後接種 10% 的醋母，在 28 ～ 31℃ 下靜置培養 10 ～ 14 天，即可形成纖維層（醋膜），將醋膜撈起，脫酸後以糖煮即可得椰果。撈起椰果後，下面的培養液只要不污染，即可做下次培養的醋母液，依此生產下去。如果是用新鮮鳳梨來生產椰果時，最好先將鳳梨打成泥，同時加 5 倍的水，其他步驟做法與用椰子水生產相同。

在優質的培養條件下，1 公升椰子水大約可製成 480g 的椰果。如果培養液面太淺，產出椰果厚度會很薄，一般適合的培養液深度最好在 7 ～ 10 公分，培養 10 ～ 14 天即可收成。在台灣因鳳梨多於椰子，大家不妨用鳳梨來做椰果，風味非常好。

乳白色或透明的凝膠狀厚膜，發酵生長達到可收成的標準後，必須經過後續的加工過程：滅菌、清洗、切割（生產廠商會根據客戶的要求對椰果進行分切）和包裝。在食用或製成最終產品前，仍需再進一步對椰果原料進行（復水漂水）、脫酸、糖化、染色處理，才會有好口感，椰果才會型態飽滿、色澤亮麗、口感清脆、甜潤。

| 成品份量 | 1800cc

| 製作所需時間 | 1.5 〜 3 個月

| 材料 | ▪ 新鮮椰子汁 1 公斤（1000g）

▪ 砂糖 150g

▪ 冰醋酸 20cc

▪ 醋酸菌種 100cc

| 工具 | ▪ 發酵罐（1800 cc）1 個

▪ 封口布 1 個

▪ 塑膠袋 1 個

▪ 橡皮筋 1 條

| 步驟 |

▪ 椰子水（也可用鳳梨汁為原料）以乾淨的細濾布過濾。

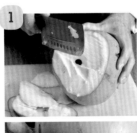

▪ 用酒精消毒發酵罐，倒入椰子水。

- 每公升椰子水，加 20cc 有機酸（冰醋酸）及 150 公克（g）蔗糖混合，並加入 1～10% 菌種液（醋母）或母液（培養中的椰果液）。

- 分裝於桶、罐或盤中，高度約為 7.5～10 公分，桶口加蓋紗布或紙。

- 在 28～31℃下，靜置培養 10～14 天左右。

- 先收取上層纖維（表面的椰果層），浸泡、清洗，再洗去殘留的酸。將蔗糖（蔗糖：椰果，依 1：2 的量混合）煮沸後，即完成。

釀醋材料購買資訊

米麴、麵麴、酒麴、豆麴、醋種、釀製器具哪裡買？

🍶 今朝釀酒工作坊

地址｜桃園縣新屋鄉埔頂路 101 號　**電話**｜03-4970-937　**手機**｜0933-125-763

賣的品項｜熟料酒麴、生料酒麴、高粱酒麴、甜酒釀酒麴、水果酵母菌、紅麴菌、紅麴米、功能紅麴、米麴菌、醬油麴、味噌麴、納豆菌種、醋酸菌種、釀製器具、蒸餾設備……等

🍶 永新酒麴 茂興酵母有限公司

網址｜www.yong-xin.com.tw　**地址**｜彰化縣芬園鄉彰南路 4 段 452 巷 7 號

手機｜0937-761-370　**電話**｜049-2527-273

賣的品項｜日本進口醬油種麴、醬油增香魯氏酵母、醬油增香球擬酵母、味增麴、米酒傳統熟料酒麴、生料酒麴、高粱酒麴、釀酒高活性乾酵母、水果酒酵母、甜酒釀酒麴、鹽麴、豆麴、紅麴、麵包酵母、各式釀造菌種……等

清水傳統酒麴

網址｜chienmingliang.myweb.hinet.net 手機｜0937-775-110、0910-457-986
地址｜台中市清水區西社里海濱路 60 號（門市）電話｜04-2622-2110
賣的品項｜米香酒麴、醬油酒麴、紅麴、紹興酒麴、狀元紅酒麴、珍香酒麴、甜
酒釀麴、高粱酒麴、天然酒麴……等

益良食品行

網址｜www.ichanchem.com
地址｜台北市大同區西寧北路 98 號（門市） 電話｜02-2556-6048
賣的品項｜只賣米麴類

昱霖坊

網址｜www.yulinfang.url.tw 地址｜台中縣神岡鄉社口街 256 巷 5 號
手機｜0910-527-060 電話｜04-2563-3130
賣的品項｜甜酒釀酒麴、納豆菌、紅麴……等

🍶 國華酒麴食品行

網址｜www.ichanchem.com　電話｜03-360-0338　手機｜0933-104-677
地址｜桃園市國豐二街 31 號（門市）須先電話聯絡，購買量至少 300g 以上
賣的品項｜米麴、豆麴、醬油麴、甜酒釀麴、醋酸麴、高粱麴、高粱生香酵母、糖蜜麴、紅麴⋯⋯等

🍶 江西甜酒大王

網址｜www.ichanchem.com
地址｜台中市東區練武路 63 號（門市）　電話｜04-2213-8726
賣的品項｜只賣酒麴類

🍶 大山器材原料行

網址｜www.tasan5.com/dir/281　電話｜03-370-0000
地址｜桃園市龍安街 14 巷 54 弄 12 號、桃園市龍安街 14 巷 54 弄 14 號（門市）
賣的品項｜酒麴酵素、甜酒麴、味噌麴、醬油麴、醋麴、水果麴、米麴、高粱麴、米酒麴、酒精麴、藥酒麴、糖蜜麴、紅麴粉、水解酵素、纖維酵素、釀製器具

這才是
釀造醋

徐茂揮·古麗麗 著

釀對了才有保健效果
蔬果穀物醋自釀手冊

作　者	徐茂揮・古麗麗
責任編輯	梁淑玲
攝　影	吳金石
封面設計	M.art book design studio
內頁設計	葛雲

總編輯	林麗文
副總編輯	梁淑玲、黃佳燕
主　編	蕭歆儀、賴秉薇、高佩琳
行銷企畫	林彥伶、朱妍靜

社　長	郭重興
發 行 人	曾大福
出 版 者	幸福文化出版社
發　行	遠足文化事業股份有限公司
地　址	231 新北市新店區民權路 108-2 號 9 樓
電　話	（02）2218-1417
傳　真	（02）2218-8057
郵撥帳號	19504465
戶　名	遠足文化事業股份有限公司
印　刷	通南彩色印刷有限公司
電　話	（02）2221-3532
法律顧問	華洋國際專利商標事務所　蘇文生律師
初版二刷	2023 年 1 月
定　價	420 元

國家圖書館出版品預行編目 (CIP) 資料

這才是釀造醋：醋對了才有保健效果，蔬果穀物醋自釀手冊
/ 徐茂揮，古麗麗著；
-- 初版 .-- 新北市：幸福文化出版：
遠足文化發行，2018.03
面； 公分 . -- (飲食區；Food&Wine；6)
ISBN 978-986-95785-5-4 (平裝)

1. 醋 2. 釀造 3. 食譜 4. 食療

463.46　　　　　　　　　　　　　　　　　　107002570

讀者回函

23141
新北市新店區民權路108-4號8樓
遠足文化事業股份有限公司　收

幸福文化　　　書名 這才是釀造醋　　　書號 0HFW0006

讀者回函卡

感謝您購買本公司出版的書籍，您的建議就是幸福文化前進的原動力。請撥冗填寫此卡，我們將不定期提供您最新的出版訊息與優惠活動。您的支持與鼓勵，將使我們更加努力製作出更好的作品。

讀者資料

● 姓名：_____ ● 性別：□男　□女 ● 出生年月日：民國____年____月____日

● E-mail：_____

● 地址：□□□□□_____

● 電話：_____　手機：_____　傳真：_____

● 職業：□學生□生產、製造□金融、商業□傳播、廣告□軍人、公務□教育、文化□旅遊、運輸□醫療、保健□仲介、服務□自由、家管□其他

購書資料

1. 您如何購買本書？□一般書店（　　　縣市　　　書店）
　　□網路書店（　　　　　書店）　□量販店　□郵購　□其他

2. 您從何處知道本書？□一般書店　□網路書店（　　　　　書店）　□量販店
　　□報紙　□廣播　□電視　□朋友推薦　□其他

3. 您通常以何種方式購書（可複選）？□逛書店　□逛量販店　□網路　□郵購
　　□信用卡傳真　□其他

4. 您購買本書的原因？□喜歡作者　□對內容感興趣　□工作需要　□其他

5. 您對本書的評價：（請填代號 1.非常滿意　2.滿意　3.尚可　4.待改進）
　　□定價　□內容　□版面編排　□印刷　□整體評價

6. 您的閱讀習慣：□生活風格　□休閒旅遊　□健康醫療　□美容造型　□兩性
　　□文史哲　□藝術　□百科　□圖鑑　□其他

7. 您最喜歡哪一類的飲食書：□食譜　□飲食文學　□美食導覽　□圖鑑
　　□百科　□其他

8. 您對本書或本公司的建議：
_____
_____
_____
_____